사랑둥이 댕댕남매

모카우유

★ 똥꼬발랄 우당탕탕 이사 대소동

사랑둥이 댕댕남매

모카우유

★ 똥꼬발랄 우당탕탕 이사 대소동

모카우유 소개

요랬는데~

작지만 카리스마 넘치는 모카

생년월일	2011.10.22
견 종	폼피츠
성 별	남
비 밀	방귀를 매우 잘 뀜

생년월일	2016.11.07
견 종	사모예드
성 별	여
비 밀	트림을 매우 잘 함

사랑스러운 흰둥이 우유

요래됐승당~!

♥ 차례 ♥

Chapter 1 새로운 추억들이 쌓일 시끌벅적한 이야기

#모카우유 #한국생활 #새로운모습

Chapter 2 함께여서 더 행복했던 잊지 못할 시간들

#캐나다 #소중한추억 #아껴둔이야기

Chapter 3 아빠의 장난은 계속된다! 알쏭달쏭 챌린지!

#도전 #실험 #재미

Chapter 1

새로운 추억들이 쌓일 시끌벅적한 이야기

#모카우유 #한국생활 #새로운모습

서울문화사

익숙했던 곳을 떠나 낯선 장소에서
새로운 생활을 시작하게 된 모카우유!

너희들이 더욱 행복하고 즐거운 시간을
보낼 수 있도록 아빠가 옆에서 많이 응원할게.
앞으로 우리 함께 잘해 보자~!

파이팅, 모카우유!

태평양을 건너 멀리멀리 이사 갑니다

갸웃
지금 어디 가는 거예요?

오늘은 모카우유의 병원에 왔어요. 마지막으로 방문한 게 얼마 되지 않은 것 같은데 또 오게 된 이유가 있지요.

집에서 맛있는 거 먹나~?:)

요리 조리

ONE AND DONE

들어오자마자 체중을 재고 치아 관리가 잘되고 있는지부터 전체적인 건강 상태를 체크해 주셨어요.

심장 비대증, 판막증이 있는 모카이기에 더욱 꼼꼼히 체크해 주신 선생님.

진찰 외에 피검사에서도 아무 이상 없다는 결과를 받았습니다.

이렇게 여러 검사를 한 이유는 VHC라는 강아지 건강 증서를 받으러 왔기 때문이에요. 어떤 서류이길래 이렇게 꼼꼼하게 준비하는 거냐고요?

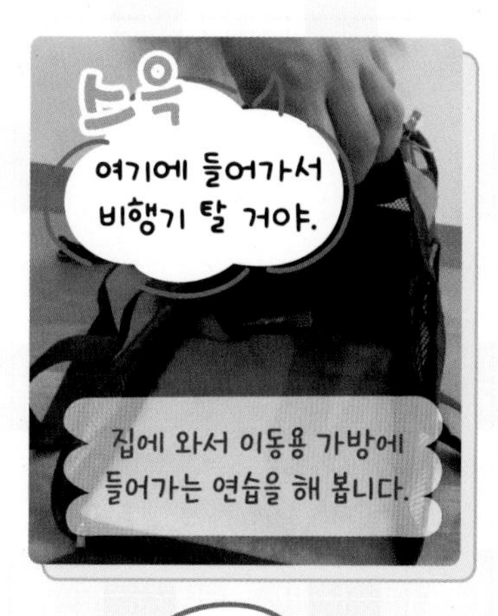
스윽
여기에 들어가서
비행기 탈 거야.
집에 와서 이동용 가방에
들어가는 연습을 해 봅니다.

모카야,
들어가 봐.
쏙

이것보다
케이지가 더 커지면
화물칸으로 들어가야
되니깐….
어? 좁기는
해도 뱅글
돌 수도 있네!
조금 좁은 감이 있지만 누워
쉬기에는 충분한 것 같아요:)

아늑해서
좋구먼.
냠냠
간식 하나로 이동 가방
적응 다 했어요ㅋㅋㅋ

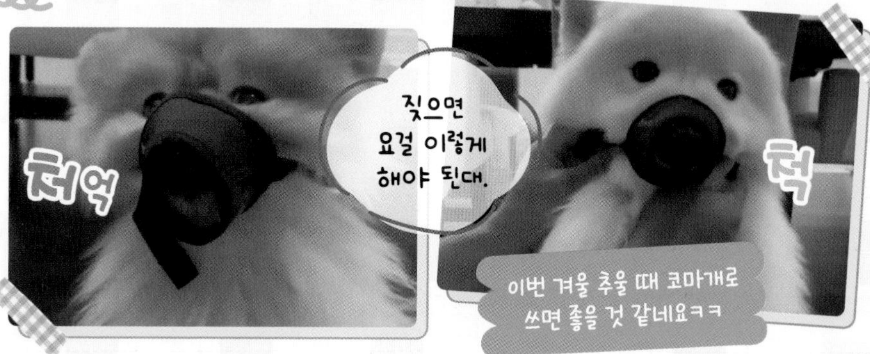
척
짖으면
요걸 이렇게
해야 된대.
턱
이번 겨울 추울 때 코마개로
쓰면 좋을 것 같네요ㅋㅋ

비행기 타고 갈 때
아빠가 이렇게
문을 닫을 거야….
우유야,
비행기 탈 때 켄넬
안에서 물 마셔야 되는데
이거 할 줄 알아?
할짝
탈수 현상을 방지하기 위해
실제 훈련은 필수예요!
게다가 대형견인 우유는
화물칸 탑승이기 때문에…

우유의 위치를 알 수 있도록
에어태그도
넣어 줄 생각이에요.
쓱
켄넬 바닥에 에어태그를
부착한 뒤 매트를 깔아 주면 끝!
엄마 아빠
없다고
울지 말고….
우유…
잘할 수 있겠죠…?
아무리 다 컸어도 저희가
보기엔 마냥 아가여서
걱정이 많이 돼요…ㅠㅠ
걱정
모카우유가
갑자기 어디 갈 준비를
하는 거냐고요?

그동안 아이들이
더 크기 전에 한국인으로서
한국의 문화를 배우는 게
중요하다고 생각했고,

모카우유가 더 늙기 전에
함께 많은 걸 보고
경험하길 원해서
오랜 고민 끝에
한국에 가기로 했어요.

여유롭고 조용한 산책길에서
만났던 수많은 털친구들과
뜨거운 캐나다의 여름.

단풍국이라 불릴 만큼
단풍이 멋지던
캐나다의 가을.

지겹도록 내리던
캐나다의 눈까지.

추억이 많던 캐나다가
그립기도 할 거예요.

하지만 한국에서
마주하게 될 많은 일들을
기대하며 먼 길을
떠나 봅니다.

꼬질
꼬질
이사 때문에 정신이 없어
(살짝) 방치 돼 있던 우유 씨.
미안하다,
우유야….
엄마아빠가
너무 바빴어…ㅠㅠ
엉망
머리부터 발끝까지 자기 주장
뚜렷한 우유의 털들…. 몇 년간
방치된 양처럼 털이 뭉쳐 있네요.
미용하러 가자,
우유야.
부웅
헤헤
밖에만 나오면 기분이
너무 좋아지는 우유.
쏴아아
안녕하세요!
잘 지내셨어요?
우유 언제 들어가요?
쓰담
쓰담
예쁘게 미용하고
곧 만나자~!

4시간 후
신남
헤헤
우유
예뻐졌죠?
미용을 마친 우유가 웃으며
나오고 있어요:)

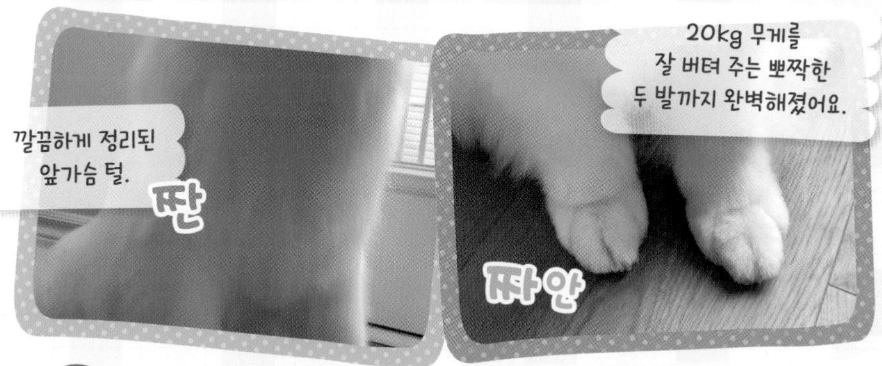
깔끔하게 정리된
앞가슴 털.
짠
20kg 무게를
잘 버텨 주는 뽀짝한
두 발까지 완벽해졌어요.
짜안

모카도
씻어야지?
벅벅
바들
바들
모카 다리 봐.
사시나무야?
ㅋㅋ
쓱
쓱
끝~

다음 날
오늘은 수레를
해체하기로 합니다.
아빠가
새로 이사 가서
또 만들어 줄게.
평소 산책할 때 모카의
발이 되어 주던 수레….
이젠
산책도 안 데려
가는 겐가?
달각
달각
지난 3년 동안 정들었던
집을 떠나려고 보니
그동안 짐이 꽤 많이
늘었더라고요.
그렇게 짐 정리를
하나하나 하다 보니
어느새 이사하는 날이
다가왔어요.
FRAGILE
어리둥절
인사만
하자고요!
머웃
머웃
이삿짐 아저씨가 오셔서
짐을 나르기 시작해요.
그리고 우유는 처음 본 아저씨들에게
인사하고 싶어 주위를 서성이지요.

어느새 코앞까지 다가온 흰둥이ㅋㅋ
우유가 도와줄 건 없나용?
가만
한참을 기다려도 인사를 하지 못하자 급 표정이 어두워진 우유. 가깝지만 너무 먼 아저씨들ㅋㅋㅋ
안녕하세염.
결국 슬금슬금 다가가 보네요.
헤헤
짐을 다 빼고 마지막으로 아저씨들을 배웅할 시간이에요.
안녕히 가세요~
우유야, 거기까지!
그건 예의가 아니죠!
포르르
도, 돌아와!

생애 처음 장시간 비행을 무사히 마친 모카우유네

드디어 비행기를 타기 위해
공항에 도착!
처음 겪는 장시간 비행에
온 가족이 걱정이었어요.

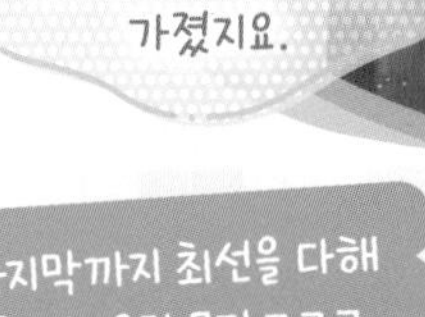

다행히
강아지 배변 장소가
있어 잠시 휴식 시간을
가졌지요.

마지막까지 최선을 다해
물 주는 우리 모카ㅋㅋㅋ

우유는 한참을 돌아다니고
나서야 겨우 소변을 해결했어요.

이제 켄넬의 문이
열리지 않도록
케이블타이로 단단히
고정해 주고….

우유도 비행기를 타러 갈 시간…!

고맙소. 내 눈치껏 행동하겠네….
모카도 검색대를 무사히 통과했어요. 비행기 탑승 전 라운지에서 잠시나마 직원의 허락 하에 부분적 자유를 느끼고 갑니다.
긴장이 풀렸는지 바로 잠에 들어 버린 모카….
쿠울
쿠울
그리고 캐나다를 떠난 지 16시간이 채 되지 않아 드디어 인천공항에 도착했어요!!
내리자마자 입국 심사를 통과하고 우유를 찾으러 갑니다. 멀리 우유 켄넬이 보이네요.
뿌듯
대견하게도 장시간 비행 동안 문제없이 잘 견뎌 준 우유!
검역을 마치자마자 배변을 위해 달려 나왔어요.
모카우유 모두 한국에서의 첫 배변 성공!
쉬이
쉬이이

시차 적응을 위한 모카우유의 노력!

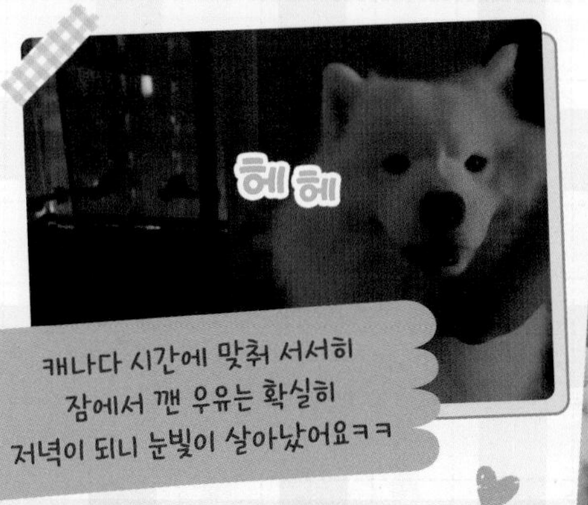
헤헤
캐나다 시간에 맞춰 서서히
잠에서 깬 우유는 확실히
저녁이 되니 눈빛이 살아났어요ㅋㅋ

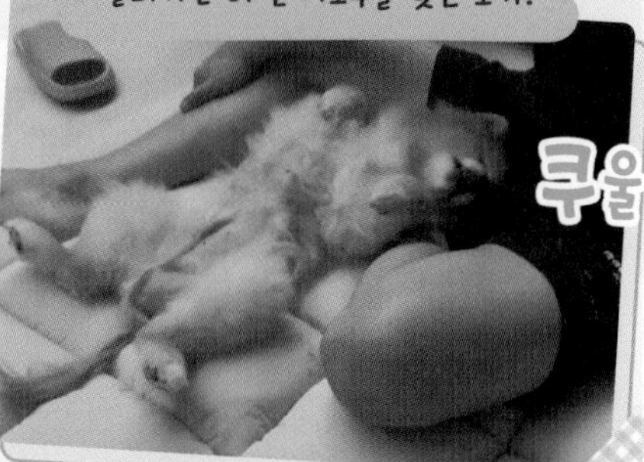
그런 우유에 반해 저녁이 되자
움직임이 둔해지는 밤톨이.
졸리기만 하면 이모부를 찾는 모카.
쿠울

다음 날, 출근 준비를 하는
이모부 곁을 맴도는 모카와 우유.
우유는 여전히 시차 적응 중이라
응석을 부리는데….
쓰담
헤헤
시차 적응 별거
아니구먼.
훗
모카는 벌써 적응이
다 된 것 같아요ㅋㅋ

쿠울
우유 조금만 더
이렇게 있을게요.

한국에 오자마자 수술하게 된 강아지

한국에 도착한 지 얼마 안 되었을 때였어요.

모카와 산책을 하던 도중 제 발에 모카 엉덩이가 살짝 부딪혔는데 그 이후부터 모카가 발을 절뚝거리며 걷기 시작했어요….

바들

바들

다음 날 바로 병원을 방문했고 원인은 고관절 탈구였지요…ㅠㅠ

23253
모카 M / 11Y
BLADE

L

사람과 달리 강아지 고관절은 한 번 빠지면 제자리로 돌아오는 것이 거의 불가능하기 때문에 수술만이 유일한 치료 방법이라고 해요.

모카야, 아빠가 너무너무 미안해….

쓰담

수술을 하지 않으면 평생 한쪽 다리는 못 쓰게 된다 하셔서 수술을 하기로 결정했어요….

정말 감사하게도
고관절 수술 전문 선생님을
만나 수술이 잘 끝났어요.
수술을 받기 위해
병원에 입원을 한 모카.
수의사 선생님께서
말씀하시길 이미 고관절이
헐거워진 상태였을 거라고…ㅠㅠ
수술이 무사히 끝나고 마취에서도
안전하게 잘 깨어나 준 모카….
가까이 가면 모카가 흥분할까 봐
멀리서 바라볼 수밖에 없었어요.
모카는 집으로 바로 퇴원하지 않고
병원에서 5일간 입원을 하며
의료진들의 케어를 받기로 했어요,
밤톨 오빠
없으니까
심심하넹….
뉨뉨
모카야!
잘 있었어?
못 본 사이에 붓기도 빠지고
상처도 많이 아물었네요.

고맙게도 회복 속도가
빠른지 날이 갈수록
표정이 밝아졌어요.

아이고,
고생했지.
푸욱
엄마를 만나서
어쩔 줄 몰라 하는 모카.

!!
너 이 닦아
주려고 치약 칫솔
가져왔어.
며칠 동안 축적된 모카의
입 똥꾸렁내를 잡기 위해
특단의 조치를 취한 아범.

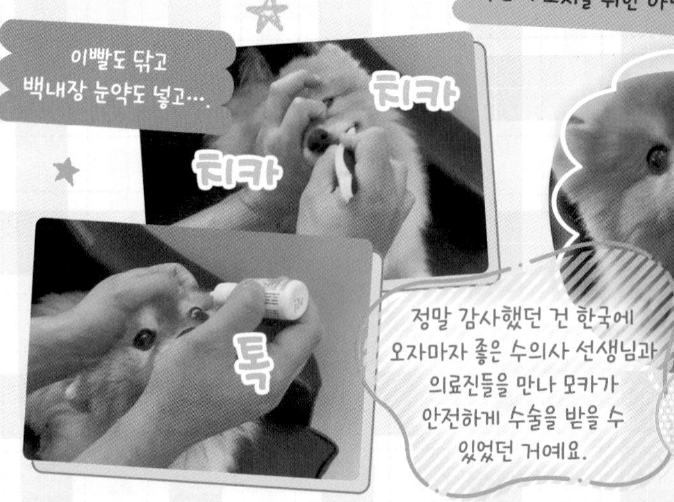
이빨도 닦고
백내장 눈약도 넣고….
치카
치카
톡
활짝
정말 감사했던 건 한국에
오자마자 좋은 수의사 선생님과
의료진들을 만나 모카가
안전하게 수술을 받을 수
있었던 거예요.
빨리 회복하고
아빠랑
모래 사장 걷자~.

일주일 만에 만나는 댕댕남매

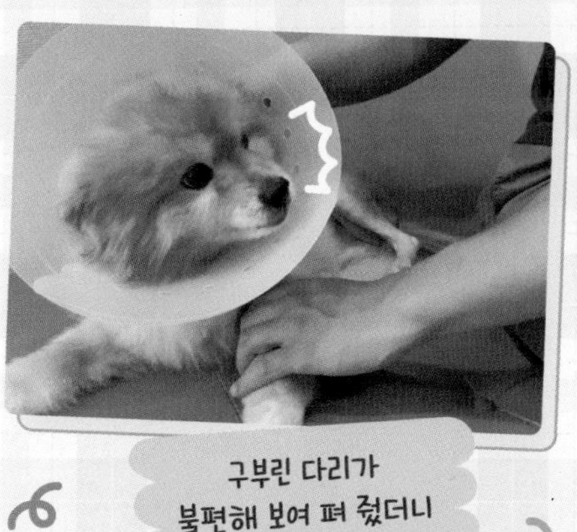

구부린 다리가
불편해 보여 펴 줬더니
시동 거는 모카 미간.

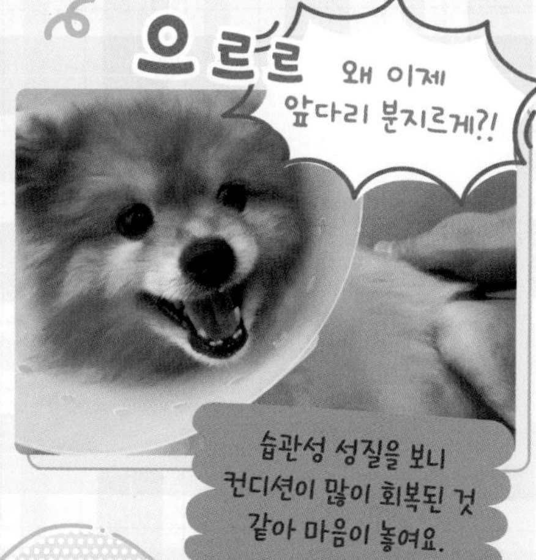

습관성 성질을 보니
컨디션이 많이 회복된 것
같아 마음이 놓여요.

퇴원 전 재활 치료도
한 번 더 받고 드디어
집으로 가게 되었어요.

다다다
퇴원하고 이모집에 도착한 모카를 그 누구보다 빨리 와 반겨 주는 우유.
궁금
몸은 괜찮아? 이제 아프지 마.

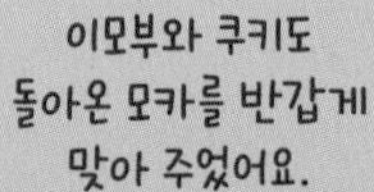
이모부와 쿠키도 돌아온 모카를 반갑게 맞아 주었어요.

스윽
오오~. 안아도 돼?

걱정
우유는 모카가 걱정되는지 계속 졸졸 따라다니네요.

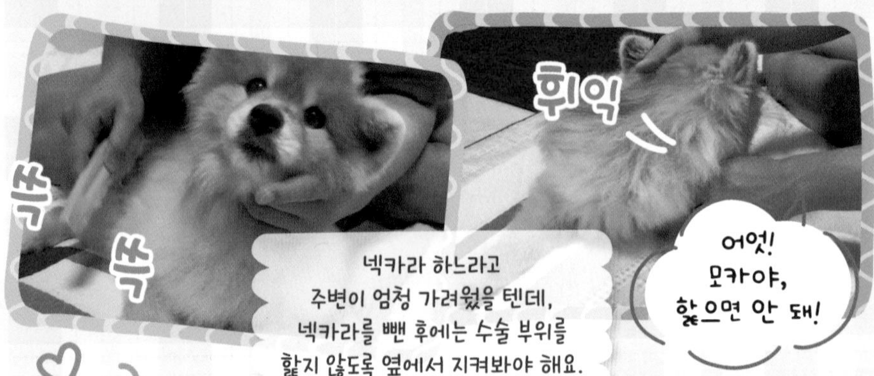
쓱
쓱
휘익
넥카라 하느라고 주변이 엄청 가려웠을 텐데, 넥카라를 뺀 후에는 수술 부위를 핥지 않도록 옆에서 지켜봐야 해요.
어엇! 모카야, 핥으면 안 돼!

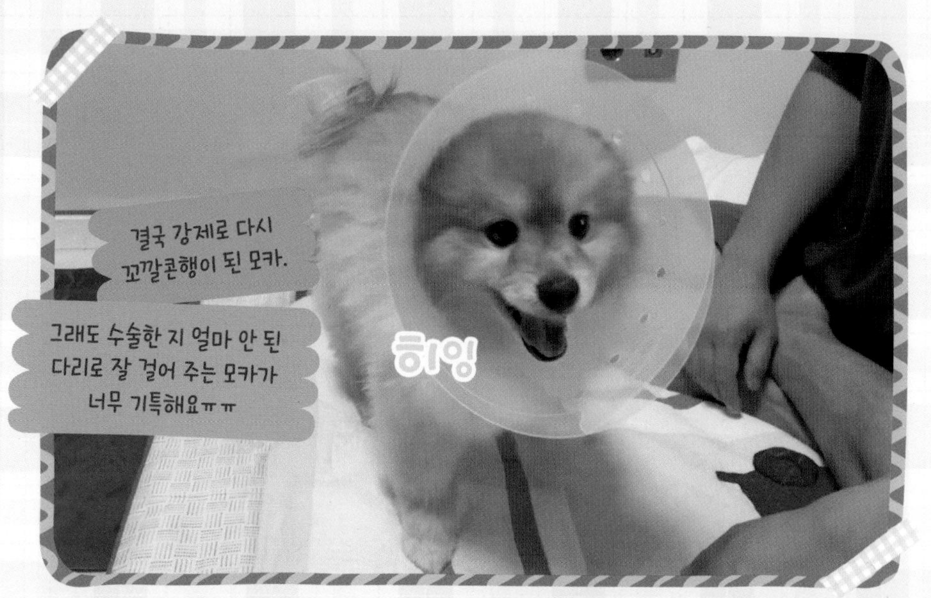
결국 강제로 다시
꼬깔콘행이 된 모카.
그래도 수술한 지 얼마 안 된
다리로 잘 걸어 주는 모카가
너무 기특해요ㅠㅠ
히잉

엄마 품에 안겨서
산책도 잘하고.
꼬옥
소중

뉘이이
야외 배변까지 잘해 주는 건
정말 기적 같아요.

그거 아시나요?
가끔 아이들 산책이 귀찮게
느껴지다가도 갑자기
무슨 일이 터지면
이 모든 사소한 것들이 다
감사하게 느껴지는 거요.

매일 똑같이
반복되는 산책이지만
늘 잘 걷고 잘 싸고 해맑게
웃어 주는 모카우유야,
정말 고마워~!

태풍이 와도 무조건 go! go!

어느새 우유에게
힘자랑할 정도로 모카의 근육이
많이 붙었어요. 그래도 아직은
조심해야 해서 집 근처에서
산책을 하지요.
휘이잉
그런데 바람이
점점 강해지는 게
심상치가 않더라고요.
휘오오오
오늘 관절 좀
쑤시겠구먼.
아니나 다를까
저녁 먹고 나오니
바람이 거세게 불기
시작했어요.
우유
날아가겠당.
다음 날 천둥까지 치며
비가 억수로 내렸어요.
쿠르릉
파도도 시간이
지날수록 거칠어지는 게
보이더라고요.
쏴아아아

우리 집 겁쟁이 모카는
사람 아이들 사이에 딱 붙어 있네요.

그런 모카와 달리
여기 용감한 친구가 있어요.

아우우
아우
아빠, 있잖아요… 간식 주세요.

냠냠

오후가 되니
더 거칠어진 바람.
야외 배변만 하는 모카우유라
점점 걱정이 되기
시작합니다.

쏴아아아

오늘은 안에서 싸면 안 돼?

황당

말도 안 돼요!
누가 집 안에 오줌을
싸요!

밖에 나갈 거야? 굳이?

헤헤

당연하죠!

와… 바람이
정말 미친듯이
부네요.
온몸으로 바람을
맞고 있는 모카.
휘이이잉
1+1도 아니고…
난 왜 끌고
나온 거냐.
솔솔 부는 바람이라
느끼는 우유와 달리….
이거 심상치 않다.
얼른 들어가자.
휘이이이잉
다음 날
헤헤
그래…
가자….
움찔
휘이이잉
우유 누가
밀었어요?
꼬옥
그러니까
이제 얼른
집에 가자?!
어리둥절
생전 처음 겪어 보는
태풍에 당황한 흰둥이.

함께 지켜요 펫티켓

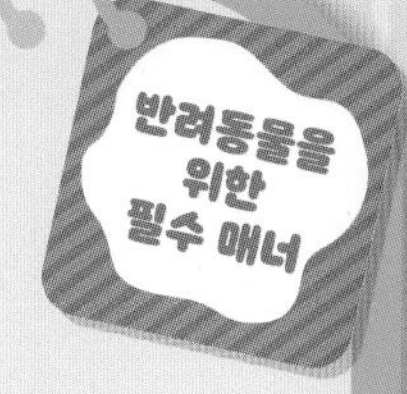

최근에는 모카우유처럼 야외 배변을 하는 강아지들이 많아졌는데요.
반려동물과 공공장소에 갈 때는 지켜야 하는 예절, 즉 '펫티켓'이 있어요.
모두가 꼭 지켜야 할 '펫티켓'에 대해 알아보아요.

우유처럼 매너 있게 산책하는 방법을 알려 줄게요!

반려동물 보호자일 때

1. 생후 2개월 이상의 강아지는 가까운 동물병원에서 동물 등록을 해 주세요.
2. 반려동물과 외출할 때는 목줄 또는 가슴줄, 그리고 인식표를 채워 주세요.
3. 산책 시에는 배변 봉투를 챙겨 배설물을 꼭 수거해 주세요.
4. 엘리베이터와 같은 건물 내부의 공용 공간에서는 목줄이나 가슴줄을 반려견 몸 가까이 잡아 쥐거나, 구석에 세워 다리 사이에 끼워 주세요.

비반려인을 위한 팁

1. 다른 사람의 반려동물을 함부로 만지지 말아 주세요.
2. 반려동물의 보호자 동의 없이 먹이를 주는 것도 좋지 않습니다.
3. 강아지의 눈을 빤히 보지 말아 주세요. 공격의 신호로 받아들일 수 있어요.
4. 반려동물에게 갑자기 다가가거나 소리 지르지 말아 주세요.

드디어 한국에서의 보금자리가 생겼어요!

어느덧 모카우유의
한국살이 3개월.
그사이 모카가 수술을 하고
회복하는 시간 동안
쿠키네 집에서 지내며,

꼬옥

모카우유 가족은
한국에 잘 적응을
할 수 있었어요.

쿠키네 집에 있으면서
이모와 이모부 사랑을
정말 많이 받았던
모카우유.

그리고 이제
쿠키네와 작별할
시간이 왔어요.

모카야, 우리도
이제 우리 집이 생겼다.
가자!
!!
??
옆 동으로 쭉쭉 걸어가면
이사 가는 건가,
산책 가는 건가?

??
여기 이모 집
아니에요?
집에 도착해요ㅋㅋㅋ
갸웃
큰어멈 집이랑 비슷한
것 같기도 하고…
아닌 것 같기도 하고….

아빠 뭐 해요?
그거 다 우유 건데?
스윽
박스를 열었더니
우유 짐만 한가득이네요ㅋㅋ
우유 뭐
꺼내 줄까?
킁킁
헤헤
우유 요거
해 주세요.
한국에 도착한 지 세 달 만에
보금자리를 찾게 된 모카우유네.
새로운 집에서 또 행복한
추억들 많이 쌓자~!

생일을 맞은 모카 어르신을 위한 준비

얘들아~!
모카 생일이다~!
모카야,
생일 축하해!
쓰담
쓰담
사람으로 치면
완전 어르신인 모카를 격하게
예뻐하는 아이들의 손길이
이어지는 가운데~.

솔솔 부는 바람 덕분에
기분 좋은 아침 산책 중인
모카우유.
가을 바람이
시원하게 불어서
산책하기 너무 좋은
요즘이네요.
모카의 다리도 수술 후
정말 많이 회복
되었고요.

조심
이건 뭐 하는 물건인고?
조심
뿌듯
모카의 관절을 위해 아직까지 신경 쓰는 몇 가지가 있는데요. 그중 계단 사용에 특별히 신경 쓰고 있답니다.
그렇지~! 잘했어, 모카!
자, 우유도 올라가 봐.
터억
터억
헤헤
침대로 껑충 뛰어오르지 않고 우유도 잘해 내네요.
고관절을 아주 천천히 조금씩 펴 줬다가 구부렸다 하면서 가동 범위를 늘려 주는 스트레칭이에요.
퇴원하고 온 날부터 지금까지 병원에서 알려 주신대로 하루에 두 번은 스트레칭을 해 주려고 노력하고 있어요.
쭈우욱

캐나다에서는 매년 생일 때마다
집에서 케이크를 만들어 줬는데
올해는 한국에 온 기념으로
생일 케이크를 주문해 봤어요:)

어때요?
많이 닮았나요?

화난 모카옹과 작고
소중한 흰둥이 우유.

짜잔

오늘은 모카가 더 크네요ㅎㅎ

이제 생일 케이프만
착용하면 준비 끝!

모카야,
앞으로도 지금처럼
까칠하고 건강하자!

먹기 전
생일 기념으로
사진 찰칵~!

우리 집 개르신 편안하게 모시개

사랑하는 나의 반려견이 언제까지나 건강하길 바라지만 동물도 나이가 들면 사람처럼 기력이 없어지고 건강에 문제가 생기기 마련이에요. 노화가 온 내 반려견과 보다 긴 시간을 함께하려면 어떠한 관리가 필요할까요?

노령견용 사료 급여

- 노령견은 기초대사율이 떨어지고 활동량이 줄어 먹는 양도 줄어들어요. 때문에 성견용 사료를 먹으면 비만이 되기 쉽지요.
- 대신 칼로리와 지방, 단백질 함량이 높은 사료를 급여해 주세요. 단, 신장병을 앓는 경우 단백질을 과다 섭취하면 병이 악화될 수 있으니 사료를 선택하기 전 수의사와 상담을 해야 해요.
- 소화 흡수력을 높여 주는 노령견 전용 사료를 급여해 주세요.

지속적인 건강검진

- 되도록 6개월에 1번, 최소한 1년에 1번씩 건강검진을 해 주세요. 2살 이상 강아지의 1년은 사람의 4년과 같아 1년에 1~2번의 건강검진은 잦은 편이 아니랍니다.
- 평소에 작은 변화도 놓치지 않고 잘 관찰해 주세요. 예를 들어 심장 질환을 앓는 경우 가벼운 운동에도 쉽게 지치며, 호흡이 빨라지는 증상을 보이지요.

가벼운 산책

- 적절한 운동은 치매 예방에도 좋고 노화 속도를 늦추어 주기 때문에 필요해요. 비탈진 길을 피해 평지를 걸어 주세요.
- 반려견이 걷기 어려운 경우 개모차에 태워 나들이를 시켜 주세요. 새로운 냄새를 맡아 기분 전환을 할 수 있답니다.

왠지 모르게 억울한(?) 우유의 하루

늦은 밤 저녁…
어디선가 나는 바스락 소리를 찾아 나선 엄마.
부스럭
부스럭
어… 엄마 안뇽?!
멈칫
힐끔
우유 뭐 해?
저게 뭐야?
난장판
우유가 이렇게 다 뜯은 거야?
미안해요….
후다닥
잘못한 건 줄은 알아서 멀찍이 도망가는 우유ㅋㅋ

누가 이렇게 뜯었냐고!
아빠한테 이른다!
(ㅋㅋㅋ)
'아빠'라는 말에
슬금슬금 다가옵니다.
아빠??
아빠 거기 있어요???
다다다
하지만 아빠가 없다는 걸
알자 다시 돌아선
우유의 쓸쓸한(?) 뒷모습.
추욱
터벅
그날 밤 아빠 옆에서…
우유야,
엄마가 혼냈어?
그거 좀 뜯어먹을
수도 있지~.
우유의 사랑을 독차지하려는
기회주의자 아빠ㅋㅋㅋ
자,
간식 먹자!
냠냠
급 기분 풀린 흰둥이
역시
아빠가
최고예요~!
헤헤
우유는 자기 침대에서
간식을 맛있게 먹었답니다:)

태어나서 처음으로 맛본 바닷물

미세먼지도 없고
바람까지 시원하게
부는 날이에요.

뒷모습만 봐도 한껏
신나 보이는 우유.

신남

집 앞 산책이
바닷가라니…! 캐나다에선
꿈도 못 꿔 본 일이에요.

바다랑 우유,
잘 어울리죠?

의젓

이게 뭐지?

궁금하면 입부터
먼저 대는 우유.

그에 반해 안정적으로
해변가 산책을 즐기고
있는 모카예요.

참방
참방

얌전
도도

발이 젖던 말던
나중 일은 나중에
걱정하자 주의인 우유.

누구처럼 바다에
뛰어들려고 하지도 않고요.

다다다다
갑자기 냅다 뛰기
시작하는 자유로운 영혼!
정신 쏘옥 빠지는 산책 후
잠시 앉아서 휴식을 취해요.
너저분
쓱
쓱
그런데 우유야…
세상에 코랑
혓바닥은 왜 그러니….
밥이 모자란 것도 아닌데
밖에만 나가면
저렇게 흙을 먹어 대요.
OFF! 우유!
우물
우물
콕
헤헤
우유 잘못한 거
없다고요, 아빠~!

알차게 보낸 우유의 행복한 생일

우유야,
생일 축하해!
센스 학원
좀 다니세요.
킁킁
엇! 미안…
그 안에 아무것도
없어….
늘 그렇듯 기분 좋게 산책을
나왔어요:) 와이드핏 바지를
입고 고관절 수술을 언제
했냐는 듯 잘 걷는 모카.
터벅
터벅
우유가 지나가는 분들과
인사하고 싶어 하는 통에 좀처럼
산책 진도가 나가질 않아요.
기대
두리번
우유랑 인사할
사람 어디 없어요?
찰칵
중간에 멈춰 오늘을 기억하기
위해 사진도 찍었지요.

모카야, 우유야,
여기 봐~!
찰칵
찰칵

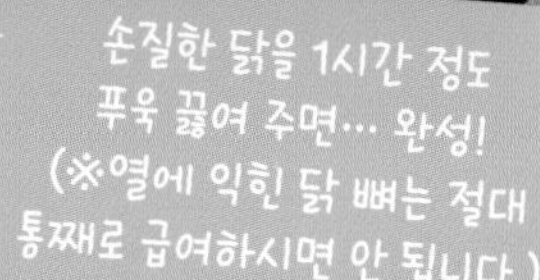
손질한 닭을 1시간 정도
푸욱 끓여 주면… 완성!
(※열에 익힌 닭 뼈는 절대
통째로 급여하시면 안 됩니다.)

킁킁
우유 생일이라 모카의 조언대로
닭 한 마리 잡는 중인 엄마.

보글
보글

데친 브로콜리도 토핑으로
올려 주고, 국물도 촉촉하게
끼얹어 주면 정말 끝!
주르륵
와구
와구
우유도
생일을 행복하게
기억했으면 좋겠어요.
우유야 앞으로도 오랫동안
함께 행복하자~!

아빠 껌딱지 우유의 일상

설거지 중인 아빠
우유의 시선은 언제나 아빠에게 고정이에요.
빤히

아빠가 화장실에 가도,
쓰담
어이구, 또 기다리고 있었어, 우유?
씻고 있을 때도, 예외는 없어요.
가만
어? (또x22) 우유 왔어?

왜 거기서 계속 벌을 서고 있어?
헤헤

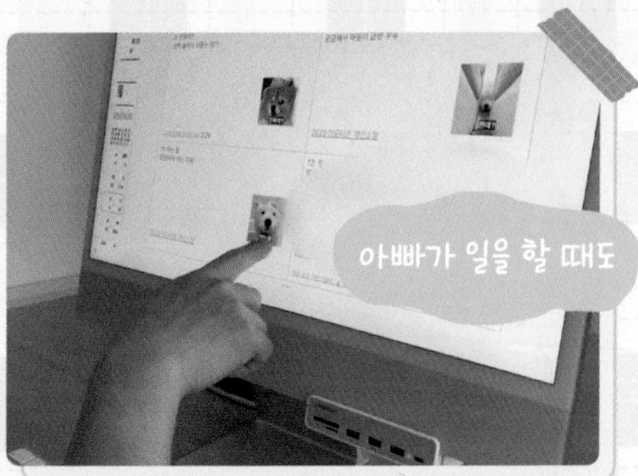

아빠가 일을 할 때도

언제 끝나요…?
얌전
기다리다 지쳐서 울상이 될 때까지 자리를 지켜요.

제가 잠시 밖에라도 나가면… 집에 엄마와 모카가 있어도 문 앞에서 저를 기다린다고 하더라고요.

요지

부동

그나저나 왜 이렇게 아빠를 따라다니는 걸까요?

뭐가 됐든 저만 쫄쫄 따라다니는 게 왠지 기분 좋아요:)

냠냠

아빠 옆에만 있으면 맛있는 게 절로 떨어져서 그럴까요?

쏙
쏙
역시 아빠가 최고!

6개월 동안 씻지 못한 누런 강아지

오늘은
길거리의 흔적들을
지워야 할 시간….
또 나갈 건데
왜 씻어요?
쏴아아
문질
문질
물에 젖으니
더욱 부각되는 누런색!
쏴아아
제가 좀
순둥순둥하잖아요.
물이 싫기도 하고 힘도
제법 세니 뿌리치며
도망갈 법도 한데
항상 이렇게 얌전하게
앉아 있어 주니 새삼 고맙게
느껴지더라고요.
벅벅

꾸덕
꾸덕
묵혀 뒀던 때를
모두 씻겼다고 생각하니
마음이 편해지네요ㅋㅋㅋ
머쓱
저게… 설마
우유한테서
나온 거에요?
비눗기 세척 시작
벅벅
쏴아아아
비눗기가 남아 있으면 피부를 자극해
긁기를 유발해 피부병이 생길 수
있기 때문에 적실 때보다
더욱 꼼꼼하게 씻겨 줘야 해요.
아이~ 착해!
너무 힘들지
우유…ㅠ
쏙
어라? 우리 우유
머리 스타일이
왜 이러지?
드라이를 대충 해 줬더니
머리가 엉망이 돼 있어요.
그래도 사랑스럽죠?ㅎㅎㅎ

오늘도 평화로운 모카우유네 연말 파티

할짝
할짝
짠
올 겨울에도 어김없이
진저브레드 하우스를
만들고 있어요.
강아지용 크리스마스 쿠키들도
먹기 좋게 그릇에 담았고요.
강아지용으로
만들어진 크리스마스
케이크도 준비했지요.
(초콜릿 아님)

얼른 먹고
시퍼용.
화악

우유, 앉아.
꽉

처음 보는
고급진 간식에 정신줄
놓은 우유를 달래 줍니다.

냠냠

이게 케이크팝
뭐시기구먼.

케이크팝 먹고
더욱 흥분한 우유.

폭주

어휴, 이러다
모카 것도 안 남기고
다 먹어 버리겠네,
우유가!(ㅋㅋㅋ)

번쩍

어느새 1년이
후다닥 지나고
새해가 다가오고
있어요.

모카야, 우유야.
내년에는 올해보다
더 행복하자~!
와구
와구

올겨울도 과하게 행복찌는 모카우유

눈이잖냐!!
부산에 눈이라니??
생각지도 못한
눈이 내렸어요.
눈 온다!
(x무한대)
신남
덩실
덩실
눈 보러 가자!
밖에 눈 온다!
우유야, 가자!
그런데… 나오니까
눈이 그쳤지 뭐예요.
어리둥절
??
내 눈…ㅜㅠ
돌려줘요!
그래도 한국에서
처음 맞는 눈이니 추억으로
남길 겸 사진도 찍어 봅니다.
찰칵

눈이 아쉬운 우유를
달래는 비법. 바로 고구마!
빤히
냠
앗!
뜨거워요!!
에고!
당황
충분히
식혀 줘야 됐는데,
미안 미안….
적잖이 놀랐나 봐요.
고구마 트라우마 생긴 흰둥이ㅋㅋ
멀찍
여러분은 겨울마다
얼마나 살찌시나요?
냠냠
우물
모카우유네 가족은
올겨울도 행복에 살찔
예정이랍니다:)

한국에 온 지 벌써 6개월이 지났어요!

여유롭고 한적한
캐나다를 떠나 한국에 들어와
지낸 지 어느덧 6개월.
캐나다는 우리 가족에게
수많은 추억과 따뜻함을 느끼게
해 준 곳인데요.
딱 한 가지 힘든 점이 있었어요.
그건 바로… 너무 넓다는 것!
땅이 워낙 넓다 보니 어디 한번
놀러 가려면 2~3시간 운전은
기본이었죠.
모카우유의 병원을
다니기 위해 왕복
4시간을 운전했었다는….
그래서 그런지 반 강제로
집돌이 집순이 생활을
했던 모카우유.
대부분의 주말을
집에서 보내거나…
아니면 동네 마실 정도
가는 게 다였던
캐나다에서의 주말.

하지만 한국에 와서는
이전엔 해 보지 못한 다양한
경험들을 하는 중이에요.

아빠랑 군고구마를
사러 같이 간다던가,
아빠랑 같이 카페에서
음료도 기다려 보고,

가는 곳마다 사진을
찍어 보기도 해요.

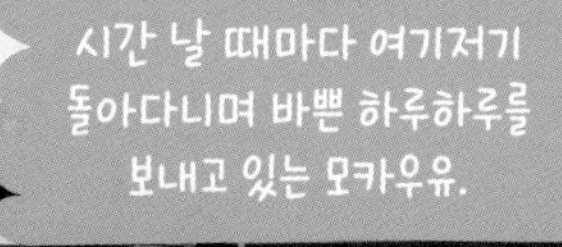

시간 날 때마다 여기저기
돌아다니며 바쁜 하루하루를
보내고 있는 모카우유.

캐나다에서 살 때보다
다양한 경험을 하며
지내고 있는 모카우유랍니다.

앞으로도
한국에서 즐겁게
지내겠습니다~!

대형견 야무지게 키우기

왕커서 왕귀여운 강아지와 함께 사는 법

늠름하면서도 귀여움까지 겸비한 대형견은 다양한 매력을 소유하고 있지요.
하지만 대형견을 향한 불편한 시선도 분명 존재한답니다.
어떻게 하면 대형견과 행복하게 살 수 있을까요?

입양 전, 선택은 신중하게!

대형견의 신체 특성과 본능을 이해하고 인지해요.

✔ 대형견은 소형견에 비해 배변의 양이 많고, 활동량도 더 많아요.
그만큼 세심한 관리가 필요하다는 점을 인식해야 해요.

비용 발생도 고려해요.

✔ 사료비와 진료비, 미용비 등 소형견에 비해
예상 지출이 많을 수 있다는 점을 인지해야 해요.

충분한 산책이 필요해요.

✔ 활동량이 많은 대형견은 생활 반경도 넓기 때문에,
스트레스 방지를 위해 충분한 산책과
널찍한 산책 공간이 필요해요.

입양 후, 주의 사항!

올바른 사회화 과정을 거쳐요.

✔ 사고 예방을 위해 짖거나 올라타는 등의 공격적인 행동을 하지 않도록 교육이 필요해요.

외출 시에는 반드시 목줄이나 가슴줄을 착용해요.

✔ 대형견을 좋아하는 사람도 많지만, 무서워하는
사람도 있으므로 목줄이나 가슴줄의 최대 길이는
2m 이내를 유지하고, 돌발 행동에 대비해 리드줄은
단단하게 고정해 주세요.

✔ 소형견에 비해 비교적 털이 많이 빠질 수 있어요.
반려견의 건강 관리는 물론 이웃에게 피해를 주지
않기 위해서도 위생 관리는 필수랍니다.

아무도 없는 빈집에서 보인 우유의 행동

엄마아빠
다녀올게. 금방
갔다 올 거야.
집에서
기다릴 수 있지,
우유?
히잉
모카는 가지만 우유는
안 가도 되는 곳….
모카,
병원 가자!
SPORTY AND RICH
!!
이런…!!
그 시각
우유
아빠
어디 갔지?
자꾸 어딜 그렇게
바쁘게 가는 거니?ㅋㅋ
다다다
왔다
갔다
거실에 있나
확인하고 왔나 봐요.
모카라도 집에 있어야
하는데 없어서 당황했나…?

그 시각 병원

모카는 4개월마다
건강검진을 하고 있어요.

오늘은 혈액 검사, 갑상선
호르몬 검사, 그리고 심장
초음파 검사를 할 거예요.

동물용 cctv로 보니
아직도 안방과 거실을
왔다 갔다 하는 우유…ㅠㅠ

두리번
아직인가?
두리번

닝드렁

기분
째진다잇!

무서운 주사 다 맞고 나니
컨디션을 되찾은 모카옹.

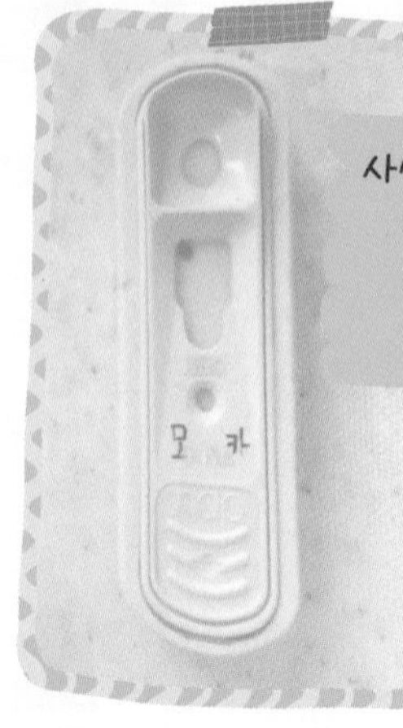
모 카

사상충 검사도 음성으로 나오고.
갑상선 수치도 좋아서
기존에 급여하던 약도
줄일 수 있게 됐어요!

무엇보다 심장 크기도
더 커지지 않고, 기관지와 폐
모두 깨끗하게 나왔답니다!

활짝
근데 모카야…
병원 오기 전이랑
표정이 너무 다른 거
아니니?
30분 전
긴장
드디어 집 도착!
아빠에게 잠시 인사해
주더니 바로 모카에게로 가네요.
걱정
아픈 거
아니지?
우유~!
잘 있었어?
이럴 때 보면 서로
챙기는 것 같기도 해요:)
아우우우
좋은 소식엔
바로 그거죠!
도도도
모카
아픈 데 없대,
우유야.
그래그래,
잘 기다렸으니
간식 많이 줄게!ㅋㅋ

남산 산책 갔다 어부바한 이야기

모카우유 패밀리가
먼 길을 달려 온 곳은
바로 남산이에요!
여긴 왜
왔어요?
신남
점심 산책 겸,
오후 스케줄 전 체력 소모도
할 겸 왔어요.
꼬옥
심장을 핑계 삼아
거저 등산하는 모카옹.
체력 하나는
타고 난 흰둥이.
다다다다
어유,
잘 올라가네!

엄마,
빨리 와요!
같이…
가… 자… 하!
머엉~
잠시 풍경 좀 찍겠다는
핑계로 한숨 돌리는 엄마ㅋㅋ
서울 공기…
퀘퀘하구먼….

다시 시작된 등산
아범이
뚱뚱한 거에 비해
체력이 좋구먼.

90kg 체중에
5kg 모카를 한 손에 안고…
18kg 우유를 컨트롤하며
30분 넘도록 엄청
뛰어다녔답니다…
다다다
한 5분 정도 더 올라가니
매점이 있어
수분 보충도 해 줬어요.
시원하당~!

모카는 걷지를
않았으니까 뭐…
목이 안 마르지.
난
괜츈….
그럼 저 줘요.

정상까지 올라온 김에
사진도 찍어 봅니다.
찰칵

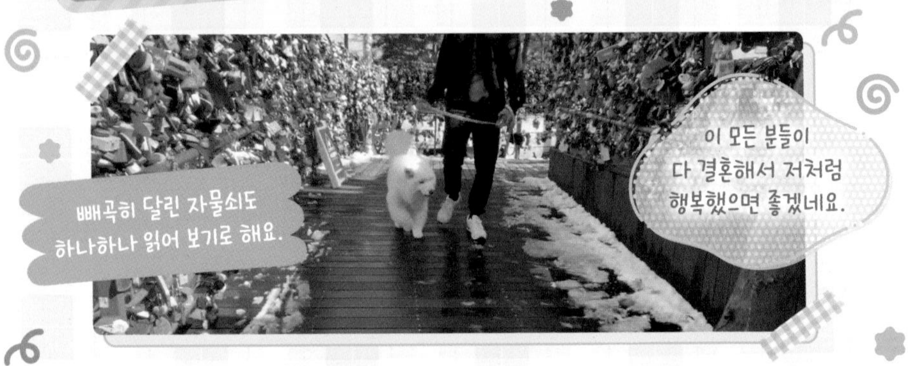
빼곡히 달린 자물쇠도
하나하나 읽어 보기로 해요.
이 모든 분들이
다 결혼해서 저처럼
행복했으면 좋겠네요.

한참 올라온 만큼
이제 다시 내려갈 시간.
꼬옥
계단이나 산에서
내려갈 때는 관절에
무리가 많이 간다고 해서
업어 주기로 했어요.
뒷모습만 보면 꼭 털옷
입은 사람 같네요ㅋㅋㅋ
오늘도 모카우유와 추억을
하나 쌓아 갑니다.

시원하게 빗어 주개

반려견의 뽀송뽀송한 털을 유지하기 위해서는 꾸준한 빗질이 필수죠.
빗질이 익숙하지 않은 분들을 위해 털 관리법을 살짝 공유할게요!

빗질은 왜 해야 하나요?

✔ 반려견에게 빗질은 아주 중요한 행위예요. 죽은 털이나 먼지, 엉킨 털을 없애 주고, 세균 번식을 방지해 피부병 등의 질병을 예방할 수 있기 때문이에요. 건강상의 이유뿐 아니라 빗질을 통해 보호자와 교감하며 불안과 스트레스도 해소할 수 있답니다.

좋은 빗질 방법이 따로 있나요?

✔ 거의 대부분 털이 난 방향대로 빗질을 해 주어요. 단, 겉털과 속 털이 구분된 이중모 견이라면 겉 털에서 속 털 순으로, 역방향으로 빗질해 주세요.

✔ 강아지 전용 에센스나 로션, 컨디셔너를 활용하면 피부 손상을 막을 수 있어요.

✔ 빗질을 할 때는 손에 힘을 빼고 손목으로 부드럽게 해 주세요.

빗질을 싫어하는 반려견을 위한 빗질 훈련법

① 빗과 친해지는 시간

바닥에 빗을 깔아 두고, 주변에 간식을 뿌려 빗과 친해질 수 있는 시간을 만들어 주세요.

② 빗에 관심 갖게 하기

빗과 친해진 후에는 '기다려'를 시킨 후, 빗을 몸에 살짝 가져다 대어 잘 기다리면 간식을 주세요.

③ 빗으로 쓸어내리기

1, 2번 과정이 익숙해졌다면, 반려견의 몸에 빗을 오래 대고 있거나 살짝 쓸어내려 보세요.

④ 빗살로 살살 빗기

반려견이 아파하지 않도록 빗살로 살살 빗어 주세요. 잘 기다린다고 해도 오랜 시간 동안 빗질하는 것은 자제해 주세요.

우유의 소원! 모카 병원 따라가기!

데려가 줘요, 제바알~!
아우
아우
아우
어쩔 수 없이 이번엔 우유도 함께 데려가려고 해요. 요 천방지축을 데리고 병원 갈 생각하니 벌써부터 머리가 지끈지끈하네요ㅋㅋ
우유야, 모카 병원 가는 거야. 병. 원.
헤헤
병원 도착
수의사 선생님을 만나자마자 시작된 진동 모드 모카ㅋㅋㅋ 오늘은 복부 초음파와 혈액 검사를 하기로 했어요.
우유야, 병원 따라와도 별거 없지?
얌전
모카 검사가 끝날 때까지 계속해서 기다렸지요.

검사 결과 듣는 시간

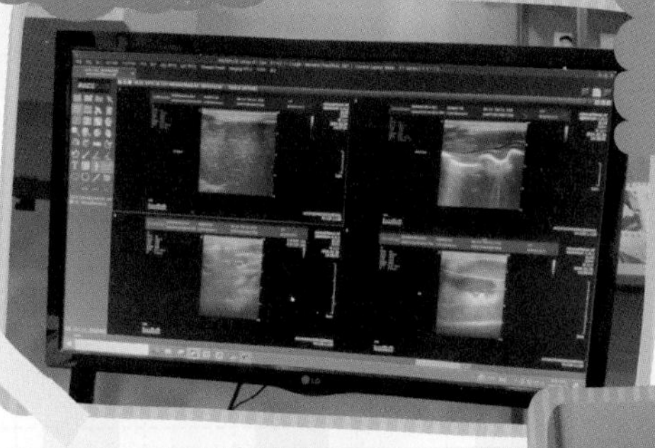

전에는 여기 안에 뿌연
찌꺼기들이 많이 있었거든요.
하지만 지금은… 좀 깨끗해진
모습 보이시나요?

긴 시간 심장약 복용으로 인해
찌꺼기가 낀 것 같던
예전의 모카 담낭.

지금은 처방해 주신
간 보호제 덕분에 담낭 안이
많이 깨끗해졌어요.

모카 건강 상담해 주시랴
한 손으로 우유 쓰다듬어
주시랴 바쁘신 선생님.

엑스레이상에서 본 심장 크기도
더 커지지 않았고 다른 장기들도
아무 이상이 없다고 해서
마음이 놓이는 순간이었어요.

진료비 계산하고 처방받은
약 기다리는 중

벌써
집에 가요?

병원에 와서 인사도
마음껏 못한 우유 마음을
아시고 병원 분들이
인사해 주셨어요.

우유의 기대와 달리 재미난 일
하나 없이 집으로 돌아가는
현실적 병원 방문ㅋㅋ

쓰담

쓰담

예쁨받아서
기분 좋구먼.

꼬옥

모카우유가
병원에 있다는
소식을 들으시고 다른 부서에서
와 주신 라떼 님까지 모두
감사합니다!

사건! 아빠한테 화내는 우유 실존!

기다리고
기다리던 사람 오빠
친구들이 놀러 왔어요!
신남
어서 와~!
우유가 부담스럽게 들이대도
예쁘다며 쓰다듬어 주는
착한 아이들.
아이들을 불러 모아 앉혀 두고
자연스럽게 중간에
자리 잡는 흰둥이.

스윽
간식 창고 앞으로 데리고 가는…
날 예뻐했으니 간식을
달라고 요구하는 우유!
아우
아우
여기
열어 줘.
그러더니 급기야
피리 부는 사나이마냥
아이들을 리드하기
시작하더니….
간식 안 돼,
우유야!

얼씨구? 와….
저 표정은 무슨 표정이지?
너무 만족한다는 듯한 표정ㅋㅋㅋ
히잉
편안
안 돼. 이미 많이 먹었어, 우유.
오빠 친구들 놀러 오니까 예쁨 엄청받네, 우유?
킁킁
어느 순간 우유가 사라져서 찾아보면… 오빠들 사이에 껴 있는 우유.
히잉
우유, 이리 나와.
콰악
히잉
이 와중에 자기 물건은 야무지게 챙기네요ㅋㅋ
시무룩한 모습도 귀엽죠?

헤헤
하지만 그 이후에도 우유는 오빠
방에서 나올 생각이 없었고….

틈틈히 놀아 주는
착한 오빠들 덕에 우유도
즐거운 시간을 보냈어요.

오빠 친구들이
너무너무 좋은 우유.

좀처럼 만족하지 못하고
오빠 친구들 옆에 붙어서
방해를 계속하고 있네요…ㅠㅠ

우유! 오빠들
괴롭히고 있지!

아우우

아우우

우유가
뭘 했는데욧!

아빠는
알지도 못하면서….

추욱

오빠들이랑
있는 게 그렇게 좋아?
우유?

아쉽지만 이제
헤어져야 할 시간.

헤헤

다음에 또
놀러 와!

꽃처럼 예쁜 모카우유와 벚꽃 구경하기

신남
날씨도 좋고 미세먼지도
나쁘지 않은 날.
모카와 우유도 한국의 봄을
느끼러 나와 봤어요.

캐나다에서는
보기 힘들던 벚꽃이
사방에 펼쳐져 있는
한국.

바로 모카를 올려 봤어요.
찰칵
아유~
예뻐라~!
나뭇가지가 부러지지 않게
꽃들 사이로 얼굴만
빼꼼 내미는 흰곰.
찰칵
우유도
벚꽃만큼
예쁘죠?

만족
우유 머리 위에 있던
꽃 재탕ㅋㅋㅋ
잔디 위에 떨어진
벚꽃 주워서 우유 머리에
꽂아 주니~ 세상에
이렇게 예쁠 수 있나요?
헤헤
모카야, 날씨
정말 좋지?
공원의 다른 곳도
가 보기 위해
다시 걷기로 해요.
날도 선선하고
산책하기 너무나
완벽했던 하루.
꼬옥

부산의 역사를
연도별로 기록한 길도
걸어 봅니다.
2011
찰칵
우리 모카 11년만
더 함께하자.

찰칵
16년생 우유도
사진을 남깁니다.
2016

찰칵

번쩍
예쁜 건 가까이
봐야 하는 법!

찰칵
찰칵
아름다운 한국의 벚꽃처럼
모카우유의 한국 생활도
아름답고 행복하길
기원해 봅니다.
아빠
최고~!

똑같은 T만 입는 모카우유

♥큐티 ♥프리티

누가 꽃인지
아범은 아나?

헤헤
우유가 꽃처럼
이쁘죠?

편안
역시 푹신한 소파가 최고얌♥

아빠, 조금만
이따 놀아 줄게요~.
날씨도 화창하니
기분 좋구먼!
♥ 모카우유네컷 ♥

Chapter 2

함께여서 더 행복했던 잊지 못할 시간들

#캐나다 #소중한추억 #아껴둔이야기

우리 그동안 함께 정말 많은 일들을
겪었는데, 기억나니 얘들아?

웃고 울었던 그때의
이야기들을 떠올려 보니
지금도 우리가 함께할 수 있어서
아빠는 정말 행복하단다~.

사랑해, 모카우유~♥

눈을 좋아하는 겨울 강아지의 행동

놀자!
아빠랑 가자!
우유야, 입에 이쑤시개 무는 거 누구한테 배웠어? (ㅎㅎ 귀여워!)
타다다
대롱
대롱
모카야~! 이리 나와. 같이 놀자.
아빠의 긴 설득 끝에 큰맘 먹고 외출하는 모카옹.
아닐세. 난 집에서 놀겠네.
왜 이리 늦었어~.
그 이후로 모카는…
뻐뻐
역시 집이 최고구먼.
이곳저곳 오줌을 싸고 다급히 따뜻한 집으로 들어갔답니다.
후다닥

오랜만에 내린 눈이
어색했는지 선뜻 움직이지
않던 우유였지만, 나중에는
신나게 뛰어다녔답니다.
헤헤
오늘 밤새
놀래용~!
며칠 후,
눈이 다 녹았어요.
내 눈
어디 가쏘?!
무언가를 발견하고
냅다 뛰는 우유.
다다다
우와~!
저게 뭐야?
눈아 눈아.
녹지 마!
할짝
할짝
다 녹고 얼마 남지 않은
눈을 발견했군요ㅋㅋㅋ

우유의 관심을 돌려 보려
공을 던져 주지만…
전혀 관심 없네요.
힐끔
우유,
아니야~!
할짝
할짝
배탈이 날까 봐
그만 먹게 했어요.
워낙에 좋아하니
뭐라 할 수도 없고 참….
우물
우물
이제 그만
들어가자.
쏙
거기로 들어가라는 게
아니잖아ㅋㅋㅋ
우유야,
집에 가기가
그렇게 싫어?
토라짐
쓰담
쓰담
어쩔 수 없는
겨울 개의
본능인가 봐요.

썰매견을 위한 아빠의 특별 선물

또 눈 온다.
우유야,
눈 왔다!
다 다 다
눈 소식에 뒤도 안 돌아보고
뛰어나가 버리네요ㅋㅋㅋ
맨발로 눈밭을 뛰면서
웃기까지 하는 우유를 보면
정말 대단하다는
생각이 듭니다.
우유는 한참을
눈밭에서 신나게
뛰어 놀고 나서야
한숨 고르려나 봅니다.
다 다 다 다
우유야,
집에 들어가서
예쁘다 해 줄게~.
여기서
해 줘요.

쓰담
쓰담
누우니까 너무 시원해~!
이제 들어가자!
졸졸
아쉽지만 할 수 없죠. 아빠 말 들을게요.
먹음직
더 놀고 싶었던 우유 마음을 달래 줄 간식은 바로 군고구마.
빤히
후후 식혀서 모카옹 먼저 한 입 드리고.
냠냠
우물
우물
우유도 맛있게 먹었습니다~.

며칠이 지나
아침에 일어나 보니
또 눈이 오고 있네요.
아침부터
성가시게
눈이라니….
모카는 추운 날씨에
산책 가려니 탐탁지가
않나 봐요ㅋㅋㅋㅋ
푸욱
어이쿠~ 잠시만.
모카가 묻혔어.
와,
눈 진짜 많이
왔다~.
행복
넘 좋아♥
정말
어마어마하게
왔네~!
몇 년 만에
폭설이 내렸는데
대략 50cm 정도나
쌓였다고 하더라고요.
당황
눈에서 수영(?)을
할 만큼 많이 왔어요.
많이 당황해 보이는 모카ㅋㅋㅋ

우너지지 마라~

눈을 탄탄히 쌓은 뒤
집으로 들어와
채굴 작업을 시작합니다.

엄청 쌓인 눈을 보니
한 가지 좋은 생각이 났어요.
뒷문 쪽에 눈을 쌓은 다음, 속에
굴을 파서 우유가 쉴 수 있도록
만들어 주려고 해요.

우유도 신기한지
곁을 떠나지 않아요.

쏘옥

드디어 완성!
우유가 들어가고도
자리가 많이
남을 정도로 팠어요.

얘들아,
마음에 들어?

고마워요,
아빠!

이거 은근
괜찮구먼.

모카우유의 모습을 밝혀 줄
조명까지 설치 완료!

우유야~!
너무 예쁘다~!
반짝
반짝
밝은 조명에 잠시 머뭇거렸지만
곧 눈 동굴에 입장한 우유.
하얀 눈 동굴에 하얀 강아지, 그리고 조명까지
비치니 정말 감탄이 저절로 나오네요:)
모카,
오줌 싸면
안 돼.
뜨끔
자넨 나를
너무 잘 알아.
우유는 눈 동굴에서
계속 쉬고 있어요.
눈 동굴에서 갖는
간식 시간
우유가 좋아하는
시원한 곳에서 먹으니
더 맛있지 않을까요?
우물
우물
흰둥이 호사를
누리는구먼.

아빠표
눈썰매장에서
썰매를 타자!
며칠 뒤, 동굴이 녹기 시작하고
아이들이 놀면서 부서져서
이번엔 계단에 눈을 덮어
미끄럼틀을 만들어
주려고 해요.
본격적으로 삽질을
시작해 봅니다.
휙
휙
꼼
꼼
계단 사이사이를
눈으로 꼼꼼히 채워 줬어요.
경사가 심하지 않게
신경 썼지요.
드디어
썰매 탑승!
짜안

우유야,
아빠랑
같이 타자~.
슥
간드아~!
슈우웅
엄청
무서웠다고요!
낑낑
덥석
좋아할 줄 알았는데
무서운 거 태웠다고
응징하는 우유ㅋㅋㅋㅋ
미안
미안~.
쓰담
쓰담

그럼
모카는 어떨까요?

슈우욱
우유야,
모카랑
갈게~!
그런데 모카우유보다 제가 더
신나 보이는 건 왜 때문이죠?ㅋㅋ

To

From

비매품 서울문화사

안 다쳤어?
무서웠지?
걱정

타다닥

우유의 걱정과는 달리
다시 타러 올라가는 모카.

턱

올라오자마자
또 썰매 탄다는 모카!

슈우웅

그러다 다치면
어쩌려고.

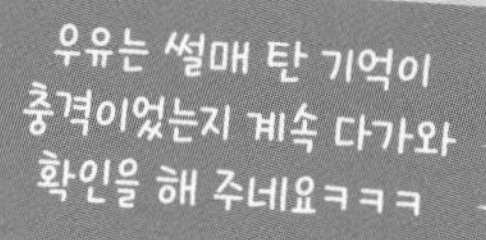

우유는 썰매 탄 기억이
충격이었는지 계속 다가와
확인을 해 주네요ㅋㅋㅋ

두 번 타면 좋아할까 싶어
우유도 다시 타 봤지만….

즐겁게 해 주고 싶었는데
왠지 우유는 삐진 것 같네요.
히잉
우유는
썰매 싫어요.
썰매와 상극인
썰매견 우유ㅋㅋ
질질
아빠가 썰매견이 되어
우유를 끌어 줍니다.

같이
가요~!
왕년에 카트 좀 타 본
모카옹.
질 질 질
우유도 덩달아
신이 났어요.
히잉
우유는 썰매견
안 할래요.
내가 진정한
썰매견일세.
당당

눈밭에서 구르는 사모예드의 체온은?

뒷마당으로 가는
문 앞에서 팔자 좋게
누워 있어요.

가끔 집이 조용해서
우유가 어디 있나 찾으러 가 보면,
차가운 공기가 스며들어 오는
대문 앞에서 쉬고 있거나….

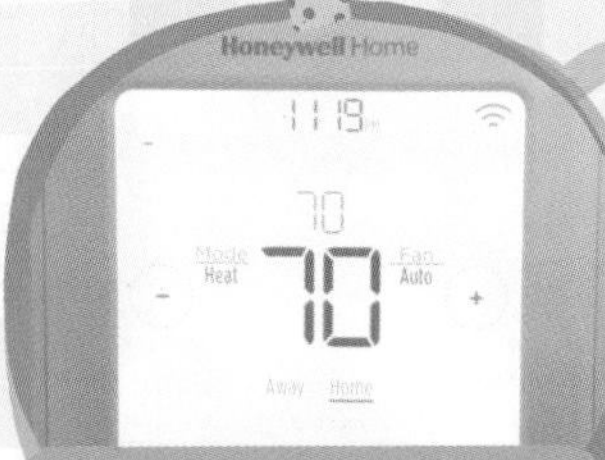

Honeywell Home

집 온도는 섭씨로 20~21도를
유지하고 있지만 우유에게는
그마저도 더운가 봐요.

밖에 나온 우유는 시원해서인지
아니면 눈이 좋아서인지
신나게 뛰어놀아요.

도대체 우유는 얼마나
열이 많으면 영하 12도에
눈 위에 누워서 얼음을
씹어 먹는 여유가 나올까요?

우유의 제일 따뜻한 곳인
뒷다리 사이에 체온계를 넣고
얼마나 열이 많은지
확인해 볼게요.
쓱
강아지들의 평균 체온은
38.5도 정도라고 해요.
영하 12도에서 뛰어놀던
우유는 과연…?
대략 35.4도가 나왔어요.
37.5도
입니다.
쓱
그렇다면 집에서
편히 쉬고 있는 우유의 체온은
몇 도일까요? 워낙 더워하니
강아지 평균 체온보다는
높지 않을까요?
하도 차가운 곳만 찾아서
강아지 평균 체온보다
높을 줄 알았더니
그건 또 아니네요.
헤헤
모카는
38.4도!
뭐야? 모카 너
우유보다 더웠어?
ㅋㅋㅋㅋㅋㅋ
내가 핫하다
했잖소.

발이 시려운 강아지를 위한 아빠의 특별 선물

누가 봐도 집에 가고
싶은 다른 친구.
신남
추운 날 산책이
즐거운 한 친구와~
모카를 위해서는
만들어 준 게 하나도 없어서.
발이라도 좀 따뜻할 수 있게
인조 잔디를 깔아 주려고
합니다.
먼저 패티오에 쌓여 있는
눈을 모두 치워 줍니다.
얼어붙어서 그런지 갈퀴로
긁어내려 해도 소용이 없더라고요.
콱
콱
콱
콱
결국 모종삽으로 일일이
다 깨기로 합니다.
뜻밖의 대형 프로젝트!

근데 그거 다
우유가 먹을 건데
왜 자꾸 치워요?
빼꼼
애비야, 내가
시킨 적 없다….
모르쇠
아빠가 뭘 하는지
계속 궁금해하는 딸래미.

얼마 후
꽁꽁 언 눈 치우기
작업 완료!
스윽
다음 날이 되자 다행히
패티오가 다 말랐어요.
이제 인조 잔디를 패티오 규격에 맞춰
재단하고 깔아 줄 거예요.
푸릇푸릇한 것이
봄 냄새가
물씬 나는구먼.
기대
짜잔
완성~!

히잉
이게 뭐야….
우유 눈 돌려줘요….
우유야,
한번 나와 봐!
마음에 안 들지만
일단 나와 보는 우유.

모카가
좋아하는 것
같네?!
킁킁
잔디야,
잘 자라거라.
쉬이이~
에휴,
모카야….

아범이
또 치우면 되는 거
아니오?
모카, 저기다
계속 오줌 쌀 거야?
그래그래~.
모카 편한대로 해~.
(얼굴 보니 마음 약해짐)

시작된 노즈워킹
남은 겨울 동안 인조 잔디에
잘 적응하길 바라는 마음에
노즈워킹을 해 주려고 해요.
냠냠
하지만 우유는 간식을 먹자마자
뛰쳐 내려갔네요ㅋㅋㅋ
다다다다
그래도 모카는 발이
안 시려운 잔디 위에서
어슬렁거려 봅니다.
만족
모카가 고마운지
아빠한테 와서
안겨 주었어요.
모카가 차가운 눈이 아닌
잔디 위에 앉아 있는
아빠 무릎 위에서 쉴 수
있어서 다행이에요.
포근
그냥 등이
추웠다네.
이제 그만
들어가자.
결국… 제 엉덩이를 위해
잔디를 깐 거였군요ㅋㅋㅋ

난
폼피츠일세.

애교쟁이 폼피츠의 모든 것

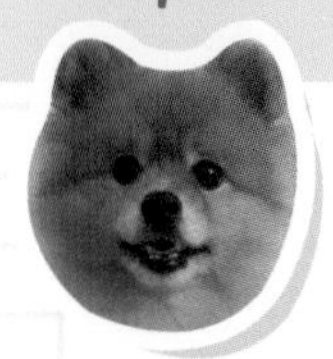

한국에서만 존재하는 유일무이한 종, 폼피츠!
작고 앙증맞은 몸으로 많은 사랑을 받고 있는
폼피츠에 대한 모든 것을 알려 드릴게요!

폼피츠는 '포메라니안'과 '스피츠' 사이에서 태어난 믹스견이에요. 이름도 두 견종을 본 따 만들어졌지요. 동물 협회나 기타 다른 협회에 정식 등재되어 있지 않아 견종 표준*이 없어요. 대신 한국은 작고 귀여운 강아지를 선호하는 경우가 많아 폼피츠는 지금까지 많은 사랑을 받아 왔답니다.
폼피츠는 외모가 포메라니안을 상당히 닮았지만, 포메라니안보다는 주둥이가 더 길고, 모량이 적은 편이랍니다. 체구도 포메라니안보다 폼피츠가 더 더 크지요. 스피츠와도 차이를 보이는데 폼피츠는 스피츠보다는 주둥이가 덜 뾰족하고 둥글둥글하게 생겼답니다. 포메라니안의 유전자가 섞여 생긴 결과이지요.
#스피츠보다는 둥글고 #포메라니안보다는 뾰족한

'폼피츠' 하면 예민한 성격을 떠올리지 않을 수 없죠. 경계심이 강한데다 낯선 환경에 잘 적응하지 못하다 보니 쉽게 친해지기는 힘든 성격이에요. 하지만 시간을 두고 유대감을 차곡차곡 쌓아 가면 그때부터 폭풍 애교를 보여 주는 귀여운 녀석이랍니다!
예민한 성격 탓에 소리에 민감해서 낯선 소리가 들리면 영역 방어 본능이 발동해 경계성 짖음을 할 수 있어요. 이웃에 피해를 줄 수 있으니 생후 6개월 이전의 강아지 때부터 백색 소음을 들려 주거나, 소리가 들릴 때마다 간식을 주며 앉거나 엎드리는 연습을 반복해 소리에 둔감해지는 훈련을 하는 것이 좋아요.
조금은 까칠하지만 알고 보면 애교 만점인 폼피츠에 대해 열심히 공부해서 백 점 만점의 반려인이 되어 보세요.
#보호자 한정 무한 애교쟁이 폼피츠

*견종 표준 : 견의 역할과 용도에 따라 분류하기 위해 만들어진 기준.

입맛 떨어진 우유 밥 먹게 하기!

얼마 전 배탈이 나서
병원에 다녀온 우유….
배탈이
다 나을 때까지 소화가
잘 되도록 처방받은
습식 사료를 먹어야 해요.
추욱
기운 없어요….
우유 졸리니까
이만 나가 주세요.

오늘은
안 먹을래요….
입맛이 없는지
평소엔 없어서
못 먹는 밥도 마다합니다.
뭐라?
밥이 남았다고?
내가 먹을까?
깜짝
스윽

안 될 소리!!

와구

와구

없던 입맛도 돌아오게 하는
모카의 존재.

우유가 맛있게 먹는
모습을 보자 기쁨을
감출 수 없는 모카.

으르르

거의 다
먹어 놓고 그렇게
슬프게 가는 건 뭐니,
우유야ㅎㅎ

휙

도저히
못 먹겠어요.

조금밖에 안 남았어.
다 먹자, 우유야.

냠냠

안 먹을 것처럼 하더니
싹싹 핥아먹네?

잘했어~!

쓰담

쓰담

다음 날
이미 자기 밥을 다 먹은 모카가
깨작이는 우유를 지켜보네요.
깜짝
내가
도와줘?
오빠를 보니
입맛이 싹 도네.
와구
와구
모카의 응원에
우유가 다시 먹기 시작합니다.
놔라,
이거!
아직 입맛이 없는 우유가
결국 힘내서 먹을 수 있게
만드는 기특한 모카.
모카의 부재와 함께
우유의 식욕도 함께
소멸됩니다ㅋㅋㅋ
스윽
내
차례인가.
움찔
냠냠
모카의 존재 여부로 인해
정해지는 우유의 입맛ㅋㅋㅋ

또다시 밥을 두고 대치하는
모카와 우유.
뭔데?
오빠
잘 들어….
이제 내가
알아서 할게.
크르르
꾸욱

며칠 후
배탈이 나 음식을
거부하던 우유는….
가족들뿐만 아니라
라떼 님들께서도 함께
걱정해 주셔서 그런지…
지금은 많이
회복해서 밥도 거르지
않고 잘 먹고 있어요.
우물
우물
멀찍
모카도 이제는 멀리서 우유
밥 먹는 모습을 지켜봅니다ㅋㅋ

기분 좋아졌어,
우유~?
밥을 잘 먹으니
컨디션도 좋아졌어요:)
헤헤
걱정해 주셔서
감사해요.
다신 그렇게
화내지 말게.
모카 무서웠쪙.
슥
흰둥이
기분 좀
풀렸는가?
아니,
이 향긋한
냄새는?
머쓱
우유도
화내서
미안.
빼꼼

양념이 안 된
기름기 쪽 빠진
닭의 속살 부분만
주었습니다.
치킨은 못 참지!
냠냠
행복
더 주세요.
컨디션 되찾은 경쟁자로 인해
모카도 마음이 조급해집니다ㅋㅋ
안절부절
할짝
입맛이 제대로 올라온 우유.
이제
끝이야.
냠냠
간식 후
낮잠은 국룰이죠!
우유야, 앞으로는 아프지
마렴~.

귀엽고
통통한 우유의
다이어트
에피소드
평소에도 몇 번이나
산책을 나가는 우유지만…
더 열심히 산책을 해야 하는
이유가 생겼어요.
바로 살이 많이 쪘기
때문이에요.
터벅
터벅
이렇게 뛰고 구르고
점프만 하면 되는 아주
간단한 어질리티를 통해,
우리 우유의 날씬함과 건강을
모두 챙기도록 해 보겠습니다!
갸웃
우유
날씬한데?
태어나 처음으로 시도해 보는
우유의 어질리티 실력은?
슥
폴짝
그렇지!
잘했어!
평소 각종 챌린지를 많이
해 봐서 그런지 어질리티의
이해도가 빠른 것 같아요.

그러나 불어난 몸무게 때문일까요?
급속도로 떨어지는 우유의 체력ㅋㅋㅋ
헥
헥

너무 좋아요,
아빠.
척
요렇게(?) 안 해 주면
잘하지 않는 우유.

다음 날
우유야, 준비됐지?
자, 가 보자!
믿어 주세요!

다다다
이제는 막대기
사이사이를 잘 피해
다니는 우유.

한 번 더
점프!
폴짝
쓰담
쓰담
와~!
잘했어!

다음 단계로 점프대의
난이도를 조금 높여 봤어요.
여기를 점프해서
가는 거야, 알겠지?
그렇지~!
똑똑하네!
폴짝
아니 아니….
휘익
여기를
이렇게 쏘옥!
휘익
오랜 시간 연습해서
귀찮아졌는지
잔머리 굴리는 우유ㅋㅋㅋ
점프를 해,
우유.
우유 이제
그만할래요!
헤헤
그래도
저 잘했죠?

반려견 동반 카페 이용법

매너가 반려견을 만든다!

반려견 동반 카페에 가는 것은 반려견의 사회화에 도움이 되고,
보호자와의 유대감을 쌓는 데도 도움이 되지요.
카페 방문 전 보호자라면 지켜야 할 매너에 대해 알아보아요.

♥ 반려견 동반 카페 방문 전 체크해 주세요! ♥

☐ **내 반려견의 성향을 파악했나요?**

겁이 많고 사교성이 없는 반려견일 경우 여러 마리의 강아지와 함께 있는 것에 큰 스트레스를 받을 수 있어요.

☐ **생리 기간의 암컷은 방문을 피해 주세요.**

생리를 하거나 생리 중인 강아지라면 스트레스를 받을 수 있고, 수컷 강아지들끼리 싸움이 날 수 있어요.

☐ **전염성 질환을 앓고 있나요?**

독감이나 코로나바이러스, 파보, 피부병 등 전염성 질환을 앓고 있다면 다른 반려견을 위해 방문을 자제해 주세요.

☐ **예방 접종이 되어 있나요?**

강아지가 많은 곳을 방문하려면 종합 백신과 켄넬코프, 신종플루, 코로나장염과 광견병까지 다 접종한 후에 방문하는 것이 좋아요.

반려견 동반 카페에서 지켜야 할 매너는?

✔ **간식을 줄 때는 주의하세요!**

다른 반려견들과의 다툼을 방지하기 위해 간식을 줄 때는 직원의 허락을 먼저 받아 주세요.

✔ **매너 벨트를 착용해 주세요!**

중성화가 안 된 수컷이나 마킹을 하는 반려견이라면 쾌적한 환경을 위해 매너 벨트를 착용해 주세요.

✔ **다른 반려견을 만질 때는 동의를 구해요!**

만지는 것을 싫어하거나 촉각이 예민한 강아지가 있을 수 있으니 다른 반려견을 만질 때는 보호자의 동의를 먼저 구해 주세요.

큰 소리가 나자 강아지들이 보인 행동

우르릉
쾅
쾅
천둥 번개가 시원하게 치던 오후….
우유 무서워요! 이게 무슨 일이에요?
덜덜
천둥 번개에 우유가 놀랐나 봐요.
여기 또 놀란 개. 추가요~.
휘둥그레
쏟아지는 비 때문인지 문이 열려 있어도 나갈 생각이 없네요ㅋㅋㅋ
쏴아아
어멈아, 괜찮은 건가? 하늘 무너지는 거 아닌가?

며칠 뒤
모카야, 수박 먹자~.
스윽

냠냠
맛있당.
수박을 먹으며 한가로운 시간을 보내고 있는 그때….

퍼엉
엄마, 무슨 소리에요?
펑
깜짝

캐나다의 휴일 중 하나인 빅토리아 데이는 법적으로 폭죽놀이가 가능한 날이에요.

펑
퍼엉
앞문으로 나와 보니 폭죽놀이가 한창이었어요.

번쩍
키가 작은 모카가 잘 볼 수 있게 들어 줬어요:)

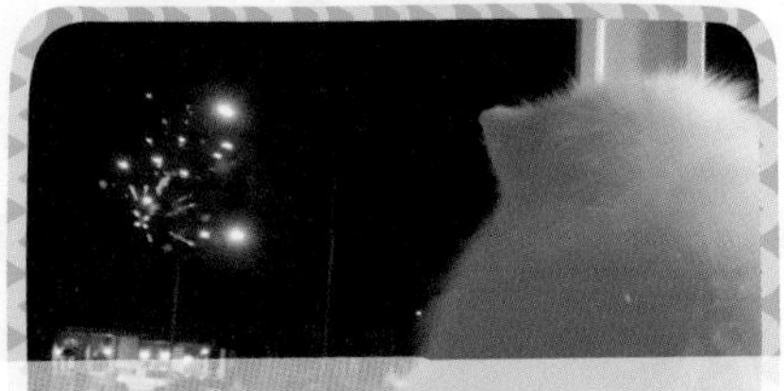

다행히 큰 폭죽 소리에도 놀라지 않는 모카우유와 함께 기분 좋게 하루를 마무리했답니다.

실수로 문을 열어 두었을 때 생긴 일

열심히 편집 작업을 하고
있던 어느 날….
항상 곁에서 아빠를 지켜 주던
우유가 보이지 않았어요.
타닥
타닥
우유야?
아래층에 혼자 외롭게 있나
싶어 내려가 봤는데…
뒷마당으로 나가는 문이
활짝 열려 있더라고요.
조용
우유
어디 갔지?
끼익
아무래도 막내딸이
몰래 내려와 문을 열어
놓은 것 같아요ㅠㅠ
놀라서 뒷마당을 찾아보았지만
보이지 않던 우유….
텅

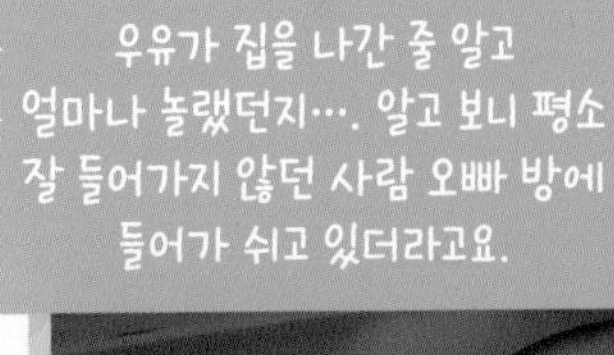
우유가 집을 나간 줄 알고
얼마나 놀랬던지…. 알고 보니 평소
잘 들어가지 않던 사람 오빠 방에
들어가 쉬고 있더라고요.

짠
우유
갇혔어요ㅠㅠ

끼익

그래서 한번
실험을 해 보기로 했어요.
뒷마당 문이 활짝 열려 있으면,
우유는 정말 가출을 할까요?

10분 후
고민
자유를 찾아
떠날까?

타다닥

결국 자유를 택하기로 한 우유

밖에 나가서 무얼 하나
계속해서 지켜봤는데
걱정했던 것과는 달리 뒷마당에서
얌전히 놀고 있더라고요.
문 열려 있다고
혼자 막 나오면
안 돼, 우유!
킁킁
하지만 보호자 없이 행동하면
여러 위험이 있을 수 있어
훈육으로 마무리했습니다.
어린 자녀나 반려동물을 키우시는 분들은
저희와 같은 실수를 하지 않으셨으면 하는
마음에 말씀드리게 되었습니다.

자신의 화난 얼굴을 마주 보게 된다면?

모카야,
(갑상선) 약 먹자.
어휴!@#~
~^*&>@
끝!
으르르
널 끝내 주마!
모카를 오래 봐 오신 분들은
이미 아시겠지만
모카는 습관성 성질이라는
질병(?)을 갖고 있어요.
으르르릉
성질은 부리고 있는데
동시에 말도 잘 듣는…
뭐… 그런 질병이에요.
으르르
모카야,
이빨 닦자.

이러면 아빠가 양치를 하고 싶을까 안 하고 싶을까?
안 되겠다. 자, 네 얼굴 좀 봐.
헉억
깜짝
끄응….
오늘만 내가 져 준다.
치카
치카
결국 붙잡혀 온 모카는 역시나 순순히 이빨을 내줍니다.
자, 봐. 모카야. 이~ 해 봐.
이~
이게 되는구먼.
우리 우유는 못하는 게 없어~. 아우~ 잘하네!
치카
치카
우유는 항상 예쁘지?
헤헤
아빠 안 닮아서 그래요.

황당한 이유로 목욕하게 된 강아지

캐나다의 여름,
오후 시간이 되면 들려오는
반가운 멜로디 소리!
바로 아이스크림 트럭이에요!
SLUSH
SUNDAES
헤헤
아이스크림!
우유도 주세요!
자기 아이스크림을 산 것을 보고야
안심을 한 표정이네요ㅋㅋ
아이고,
아이스크림을
다 묻혀 놨네….
소둥
냠냠
무더운 여름에 별미로 가끔씩 주고 있습니다.
지저분
모카야,
이리 와.
할짝
아이스크림 포장을 뜯은
아빠를 보고 흥분한 우유가
사람 아이스크림에 부딪힌 걸
뒤늦게 알았지
뭐예요.

진짜 '쪼꼬 우유'가
돼 버렸네.
쏴아아
안 그래도 목욕할 때가 됐는데
아이스크림 덕분에 마음잡고 씻깁니다.

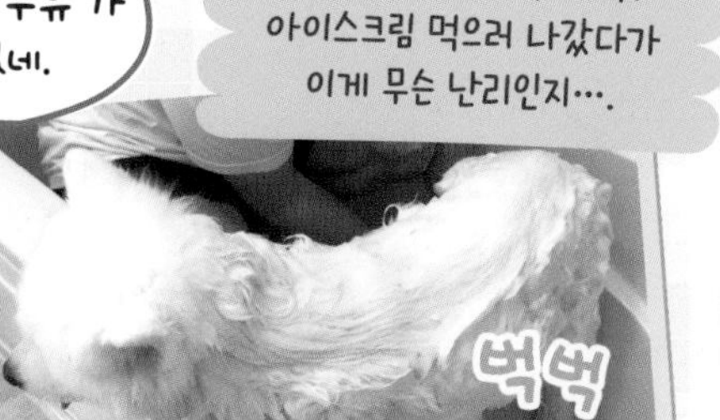
본격적인 빨래(?) 시작!
아이스크림 먹으러 나갔다가
이게 무슨 난리인지….
벅벅
벅벅

다 했다,
진짜.
쏴아아
헤헤
아~싸!
끝났다!
목욕이 끝나서
신난 우유ㅋㅋㅋㅋ

목욕
다 했으니까
간식 달라고?
뽀송
냠
냠
맛있는 거 주세요~.
닭고기 원츄!
깔끔

우유가 아픈 아기 새를 만나게 되었어요!

우연히 뒷마당에서 아기 새를 발견했어요. 뒷집 나무에 살고 있는 아기 새인 것 같은데 실수로 떨어진 것으로 보여요.
이날 폭염주의보가 있던 날이라 탈진을 우려해 물부터 주기로 했어요.
힘내, 아가야.
꿀꺽
카드보드 박스를 준비한 다음 충전재로 우유의 털을 사용했지요! 완성된 박스는 아기 새를 처음 발견한 자리에 세팅해 주었어요.
아기 새가 걱정이 되는지 계속해서 다가오는 어미 새.
짹짹
폭신하게 있어~

빤히
우유는 계속해서 걱정이 되는지 박스에서 시선을 떼지 못하더라고요. 내 새끼지만 어쩜 저리 천사인지:)
다행히 푹 자고 일어나 기운을 차렸는지 움직임이 많아지기 시작한 아기 새.
짹 짹
우유 털침대 최고예요.
어미 새에게 가까이 갈 수 있도록 도와주기로 했어요.
새 둥지가 있는 나무 옆 지붕 위로 올려 줬지요.
궁금
아가 잘 간 거 맞아요?
마침내 상봉한 아기 새와 어미 새!
건강하렴~

이 립스틱 도대체 어떻게 지우나요?

요즘 유난히 신경 쓰이는
부분이 있는데요.
바로 지난 여름 동안 빨갛게
물든 우유의 털이에요.

결국 병원에 갔더니
선생님께서 알레르기일
가능성도 있다고
말씀해 주셨어요.

벅벅

시간이 지나도 사라지지 않고
우유의 트레이드 마크로
자리 잡기 시작했어요.

목욕할 때도 비누칠해 가며
닦아 보았지만 말짱 도루묵.

특히 음식에서 오는
알레르기일 수 있어서
(우유에게) 알레르기 확률이
가장 낮은 치킨으로만
현재 급여해 주고 있습니다.
하루 빨리 빨간 턱이
사라져야 할 텐데 말이죠….
와구
와구
우유야,
턱 좀 닦자.
쓱
쓱
내친김에 빗질도 해 줬어요.
이렇게 자주 관리해 주면
언젠간 깨끗해지겠죠?
턱만
닦는다면서요….
에 휴
관리 시간이 길어지니
삐진 것 같아요ㅋㅋ

음식 조절 외에 추가로 턱에
묻든 얼룩을 지우기 위해 여러
제품들을 사용해 보고 있어요.
톡
톡
문딜
문딜

먹는 거 아니다.
모카야,
저리 가 ㅋ
불쑥
솔루션으로 해당 부분을 닦은 후
파우더를 발라 주면 끝!
쓱
쓱

그렇게 지난 한 달 동안
2~3일에 한 번 꼴로
관리해 준 결과…
어떤가요…?
조금 옅어진 것 같나요?
한 달 전

예상치 못하게 수술을 받게 된 우유

어느 날 산책 중 우유의 대변 옆에 떨어진 핏방울을 발견했어요. 급히 확인해 보니 항문 옆, 벌레에게 물린 것 같은 동그란 상처를 발견했지요.

겨울이지만 진드기에 물린 것을 배제할 수 없어서 바로 병원 예약을 잡았어요.

추욱
아파서 어떡하니, 우유야…ㅜㅜ
히잉

콩

넥카라에 적응하는 시간이 필요해 보이네요.

우유, 빨리 낫자!
냠 냠
쿠울

그렇게 힘든 하루가 저물어 갑니다.

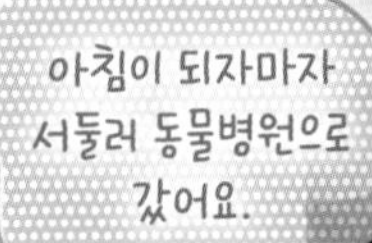
아침이 되자마자
서둘러 동물병원으로
갔어요.

단순히 벌레에 물린 줄 알았는데 항문낭이 터져 버렸다는 청천벽력 같은 결과가 나왔습니다.

항문낭액이 자연 배출되지 않아 고여 있던 게 터져 버린것 같아요…. 진찰받으러 오길 천만다행이라는 생각이 들었습니다.

우유 갑자기
수술해야 된대….
항문낭이 터져 버렸대….

쓰담

우유 잘하고 와.
아빠가 금방
데리러 올게.

2시간 후

꼬옥

수술을 무사히 마치고 나왔어요. 항문낭 안에 있던 괴사된 조직들을 모두 긁어내는 수술을 받았습니다.

괜찮아?
수고했어, 우유야.
헤에… 눈물이….

울었어×2

눈물 흘린 모습을 보니 마음이 찢어지는 것 같았어요.

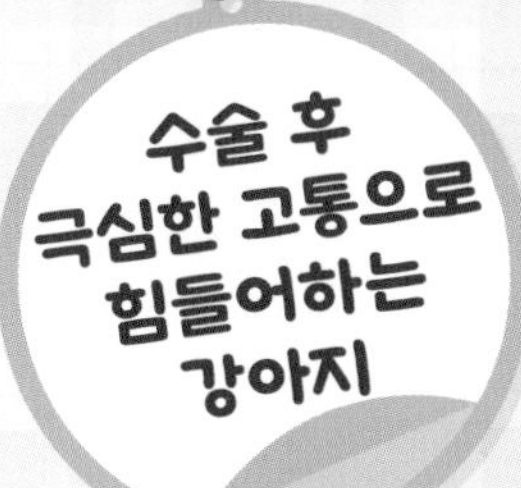

수술 후 극심한 고통으로 힘들어하는 강아지

집에 오자마자 수의사 선생님 말씀대로 바로 연고를 발라 줬는데 너무 고통스러워 쇳소리를 내는 우유.

보통 이 시간에는 산책을 가지만 수술 부위에 흙먼지가 묻으면 안 되기 때문에 임시로 배변 패드를 깔아 주었어요.

배변 패드를 거부하면서도 계속 몰려오는 통증에 힘들어하는 우유….

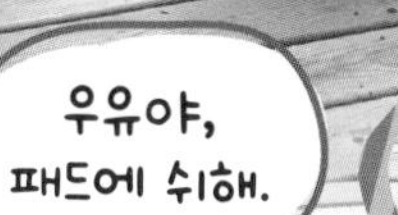

낑낑

다른 강아지들이 오지 않아 그나마 깨끗한 집 뒷마당에 잠시라도 내려 줘야 할 것 같아요.

쏙
간식도 크레이트(켄넬) 안에서
먹여 줬어요.
실은 약을 먹이려는 엄마의 큰 그림ㅋㅋ
아니에요,
아빠….
우유
나올래?
이리 와.
우유도
평소와는 달리
하루 종일 크레이트에
들어가 나올 생각을
하지 않네요.
우유 너무
아파요…ㅠㅠ
끼잉
12시간마다 처방받은 소독약과
크림을 바르며 관리해 줘야 하는데,
문제는 우유가 너무 많이
고통스러워한다는 것….
결국 삐지고만 우유
히잉

냥냥
간식 주면
용서해 줄게요.

쿠울
시간이 지나자 이제는
누워서 쉬기도 하고 컨디션이
눈에 띄게 회복되고 있어요:)

며칠이 지난 후
쓰담
밤새
보고싶었다고요.
헤헤
아래층 크레이트에만 있던
우유가 2층까지 올라왔어요!
오랜만에 아빠와 함께
침대에서 쉬는 우유.

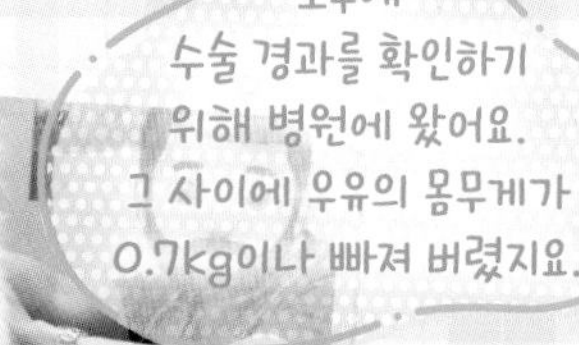
오후에
수술 경과를 확인하기
위해 병원에 왔어요.
그 사이에 우유의 몸무게가
0.7kg이나 빠져 버렸지요.

다행히 수술 부위는
깨끗하게 잘 아물고
있다고 해요.

그리고 이번 기회에
음식과 환경 등
종합 알레르기 테스트를
하기로 결정했어요.
날이 갈수록 좋아지는 우유의 컨디션
초롱
초롱
밥이다~!

아우우우
이제는 다시 예전처럼 빨리
밥 내놓으라며 보채고 있어요!
일주일 넘게 듣지 못했던
우유의 하울링 소리ㅠㅠ
컨디션이
점차 회복되고 있어
너무 감사한 마음이지요.
와구
와구
나도 컨디션
최상이라네.
냠냠
이리 와,
약 먹자.
병원에서 처방받은
소염진통제와 항생제도
잘 먹고 있어요:)
힝
통증도 많이 가라앉고
움직임도 활발해지고
약도 잘 먹으며 잘 적응해
나가는 우유이지만,
배변을
마칠 때마다
해야 하는 소독!
아직 적응하지 못한
한 가지가 있어요.
그것은 바로….
두둥

히잉
우유 컴!
이리 와.
마음은 또 착해서
아빠가 오라고 하면 오지요ㅋㅋ
후다닥
그러나 살아 보겠다고
도망치는 흰둥이ㅋㅋ
결국 붙잡힌
대형 마시멜로.
꽈악
헨
이거 놔욧…!
여기서 기다려,
우유.
그래도 수술하고 처음
소독해 줬을 때와 비교하면
많이 호전되었어요.
조만간 상처가 아물면
산책도 다시 시작할
계획이에요.
히잉
냠냠
이제 그만
간식이나 줘요!

충격적인
우유의 알레르기
검사 결과
우유가 내리는 눈을
구경하고 있어요.
빤히
우유
나가 놀래욧!
날씨 최고!
애절한 눈빛과 요동치는 콧구멍!
그도 그럴 것이 아직은
통증 때문에 언제 주저앉을지
몰라 조심해야 하는
상태거든요. 하지만…
끈질
끈질
결국 이기지 못하고
밖으로 나왔지요.
신남
격렬하게
놀고
싶어요~!
그리고 지난 주에 진행했던 우유의
알레르기 검사 결과를 받았어요.
환경적 요소 중 각종 진드기에서
높은 수치의 양성 반응이 나왔으며,
알레르기 때문에 항문낭 덕트가
좁아져 (항문낭) 염증이
유발됐다는 결과였어요.

IMMUNOLOGY

	TEST	RESULTS	INTERPRETIVE SCORE
	Barley (F56)	41	Neg
	Beef (F241)	109	Neg
	Beet Pulp (F409)	22	Neg
	[illegible]	[illegible]	Neg
	Chicken (F265)	[illegible]	Neg
	[illegible]	36	Neg
	[illegible]	52	Neg
	Eggs (F271)	39	Neg
	[illegible]	58	Neg
	Flaxseed, Ground (H2)	55	Neg
	Kangaroo (F410)	[illegible]	Neg
	Lamb (F251)	58	Neg
H	**Liver, Beef (F252)**	**209**	+
	Milk (F293)	76	Neg
	Oats (F154)	17	Neg
H	**Pinto Beans (F61)**	**163**	+
	Pork (F258)	62	Neg
	Potato, White (F191)	27	Neg
	Rabbit (F259)	97	Neg
	Rice (F200)	35	Neg
	Soybean (F209)	58	Neg
	Turkey (F346)	75	Neg
	Venison (F264)	132	Neg
	Wheat (F235) ª	72	Neg

알레르기 검사를 안 했더라면
계속해서 몰랐을 우유의
알레르기들…. 검사해 보기를
정말 잘한 것 같아요.
우유도
몰랐어요….
추욱
어쩌면 우유의 알레르기
발단은 먼지가 많은 지하실이
아니었나 싶어요.
운동하러 가면 늘 우유가 따라
왔는데 그게 문제가 된 게
아닌가 추측을 해 봅니다.
빤히
오늘도 아빠의 운동을
따라가겠다는 우유의 눈빛.
간절
아빠 지하실에
운동하러 가야 하는데
우유는 이제 가면
안 돼.
히잉
올해 들어 가장
슬픈 표정의 우유ㅋㅋ
아빠가 다른 방법을
생각해 볼게ㅠㅠ

벌써 크리스마스라고요?

크리스마스를
코앞에 두고 급하게
크리스마스트리가 될
나무를 사러 왔어요.
직원에게 부탁을 드려
나무 밑 부분 가지들은
정리했지요.
싹싹
싹싹
집에 돌아온 후에
먼저 크리스마스트리를
놔둘 베이스를
설치했어요.
그다음 베이스에
나무가 쓰러지지 않도록
고정만 해 주면 됩니다:)
쏙
얌전

기대
가지들이
자리 잡을 수 있게
하루 정도 기다려 준 뒤에
장식을 할 거예요.
아우우우
마음에 들어?
우유?
맘에
들어요!

(사람) 아이들과
함께할 겨울 액티비티!
진저브레드맨 꾸미기를
하려 해요.
킁킁
킁킁
모카야, 우유야.
너희들 거 아니야.

슬쩍
달콤한 냄새에 정신이
혼미해집니다ㅋㅋㅋ
우유야,
안 돼.
아빠 말은 안 들어도
온유 말은 잘 듣는 우유.

내가 좀
고쳐 줄까?
할짝
…일 리가 없죠!ㅋㅋ
온유가 한눈 파는 사이에
계속해서 맛보는 우유예요ㅋㅋ
많이 먹었어,
우유야.
이제 그만.
꽈악
다음 날
슥
아빠,
뭐 해요?
기대
빤히
나무에 전구를 다는 아빠를
우유가 유심히 쳐다보네요.
그 와중에 센터병
도진 모카옹ㅋㅋㅋ
얌전
내 비주얼이
빠질 수 없지.

이제 각자 원하는
장식들 하나씩
고른 뒤 달아 줘요.
이건 우유랑 똑닮은
북극곰이네요.

여러 면에서
모카와 닮은 듯한 야수…
아니, 포메라니안.
Mocha
꾸욱
마지막으로
별만 달아 주면
끝이에요.

드디어 완성된 크리스마스트리!
여러분도 마음에 드시나요?
라떼 여러분~
즐거운 크리스마스 보내세요!
Merry Christmas~!

오늘도 귀여움 한도 초과

#러블리의 대명사 모카우유

♥ 모카우유네컷 ♥

꼬순내 풍기는 꿀잠 모먼트

우유
목욕하면
더 귀엽죠?

Chapter 3

아빠의 장난은 계속된다! 알쏭달쏭 챌린지!

#도전 #실험 #재미

모카우유의 속마음을 알고 싶어서
아빠가 철없이 벌이는 미션에도
순수하고 사랑스러운 모습을 보여 주는
모카우유! 언제나 사랑해~!

'실수'로 리드줄을 계속 놓치면?

오늘은 신나게 산책하는 도중에 리드줄을 놓아 보려고 해요. 과연 모카우유는 어떤 반응을 보일까요?
신남
천방지축 만년 개린이 우유.
타다다
줄 놓기 3초 전
줄 놓기 2초 전
땡!
왜 멈추지…?
우뚝
아빠…? 우리 갈 길이 멀어요!!
그래그래, 다시 출발!

…일 줄 알았지!
땡!
멈칫
신경도 안 쓰고
계속 뛰어갈 줄 알았는데
기특하게도 두 번 연속
멈춰 섰어요!
우리 우유
진짜 착하네?
아빠가
멈추니까 딱
멈춘 거야,
우유도?
허억
이번엔
빠르게!
헤헤
줄 놓기 3초 전
다다다다
땡!
멈칫
우와~! 우리 우유
진짜 잘한다!
아빠 두고 가지
않네~?!
우유,
잘 있어!
안녕!
줄을 놓은 다음
왔던 방향으로 움직이자,
우유가 곧바로 아빠를
따라왔지 뭐예요!
타다다

집에서 쉬고 있던
모카도 산책하러
나왔어요.
잘 자고
있었는데 왜
부른 겐가?
줄 놓기 3초 전
다다다다
줄 놓기 2초 전
땡!
멈칫
아범, 또
장난질인가?
무시
모카! 아빠
기다려야지!
모카야…!!
민망
줄을 다시 잡는 제 손이
어찌나 뻘쭘하던지요ㅋㅋ
이제 아범도
철 좀 들어야
할 텐데….
에휴

전화하는 척하며 좋아하는 말을 해 주다!

쓰담
뭘 그렇게
열심히 찍나?
쓰담
한동안 바빴던
엄마가 오랜만에
모카 털 관리를 해 주고
있네요.

근데
어멈아… 이제
그만하거라.
우유 괜히
긴장돼요….
쓰담
헥헥
계속되는 빗질에 심기가
불편해지는 건 모카뿐만이
아니에요. 왠지 엄마가
"이제 우유 차례!"라고
말할 것 같은 기분인가 봐요.

아우
그만하라 했다!
모카의 눈짓에도 멈추지 않는 엄마의 손ㅋㅋㅋ
예상대로 불똥이 우유한테까지 튀었네요:)
히잉
시작하면 끝을 보는 엄마는 발 털까지 자르기 시작합니다.
어멈아…. 내 눈 좀 바라봐다오…!
싹뚝
싹뚝
아빠 도와줘요! 우유 무서워요…!
눈치 빠른 우유는 이미 저쪽으로 피해 있네요.
네, 잘 계시죠? 아, 사랑이 루비 산책 갔다고요?
쫑긋
산책…??
그래서 시작된(?) 장난 전화로 유혹하기 챌린지!!

산책만 가면
되는데 닭고기도
먹는다고요?

벌떡

와…,
살 빼면서
살찌우네?

우리도 닭고기! 산책!

우리 모카랑 우유
놀러 가도 되나요?
산책 가서
볼일도 보고,
맛있는 것도 먹을까요?

쫑긋

아우우우

인형 가지고
논다고요?

우유도
인형하고
놀래요!

장난 전화였지만 간식이란 단어로
아이들 마음을 뒤흔들었으니
충분히 만족할 만큼 주려고 해요:)

얌전

보챌 만도 한데
착하게 앉아서 기다리는
똑똑한 모카우유 좀 보세요~!

안기는 거 좋아하는 강아지들 모여라!

한가롭게 낮잠을 청하던 어느 오후
내가 왜?
아빠 살이 너무 안 빠진단 말이야…. 너무 힘들어….
모카야, 이리 와서 아빠 좀 안아 줘.
밥을 그리 힘차게 먹으니 힘이 들지…!
빤히
이리 와….
으르르
덥석
그 손 치워라! 더러운 손.
뭐지 이 편안함은?
좀 안아 달라고 하는 게 그렇게 정색할 일이니 모카야;;;
꼬옥
모카는 좋겠다…! 살쪄도 잘생겨서….

아범아,
살 빼지 말아라~.
쿠션감이 너무 좋구나~.
쿠울
그나저나 처음 안길 때와는
다르게 너무나 편안해 보이는 모카.
옆에서 아빠의 사랑을
독차지하고 싶은 우유.
우유 두고
뭐 하는 거예요!
쓰담
쓰담
모카야,
우유가 좀
비켜 달래ㅋㅋ
황당
모카 오빠 좀
비키라고 해 줘요.
이제 내
차례라고요.
헤헤
결국 모카는 옆으로
밀려나고….
고마웠어,
모카~♥
자리를 넓히니 바로
아빠 곁으로 다가오는 우유.
스윽

너무나도 보드랍고
폭신한 우유.
꼬옥
사실 우유는 오랫동안
안겨 있는 걸 싫어해요.
아무래도 더위를 많이 타서
그런지 답답해하는 것 같더라고요.
불편
그런데 아빠…
너무 더워요.
미안합니다….
답답
휙
오늘은
여기까지만….
어! 우유야,
가지 마…!
폭신했는데…ㅠ
털썩
모카야~!
모카~!
으르르
이제 날 찾는
겐가? 흥!

종이컵 챌린지에 도전하다!

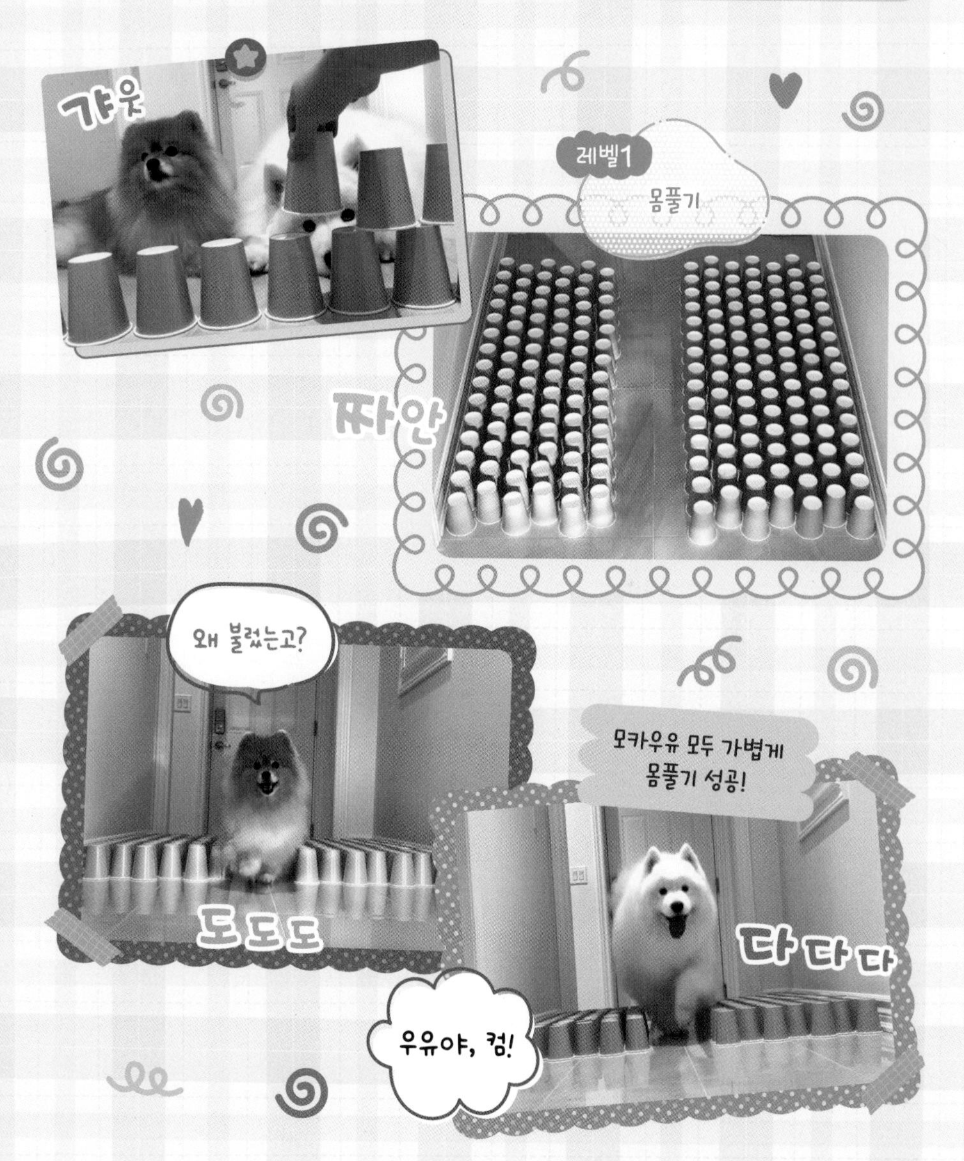

갸웃
레벨1
몸풀기
짜안
왜 불렀는고?
도도도
모카우유 모두 가볍게
몸풀기 성공!
다다다
우유야, 컴!

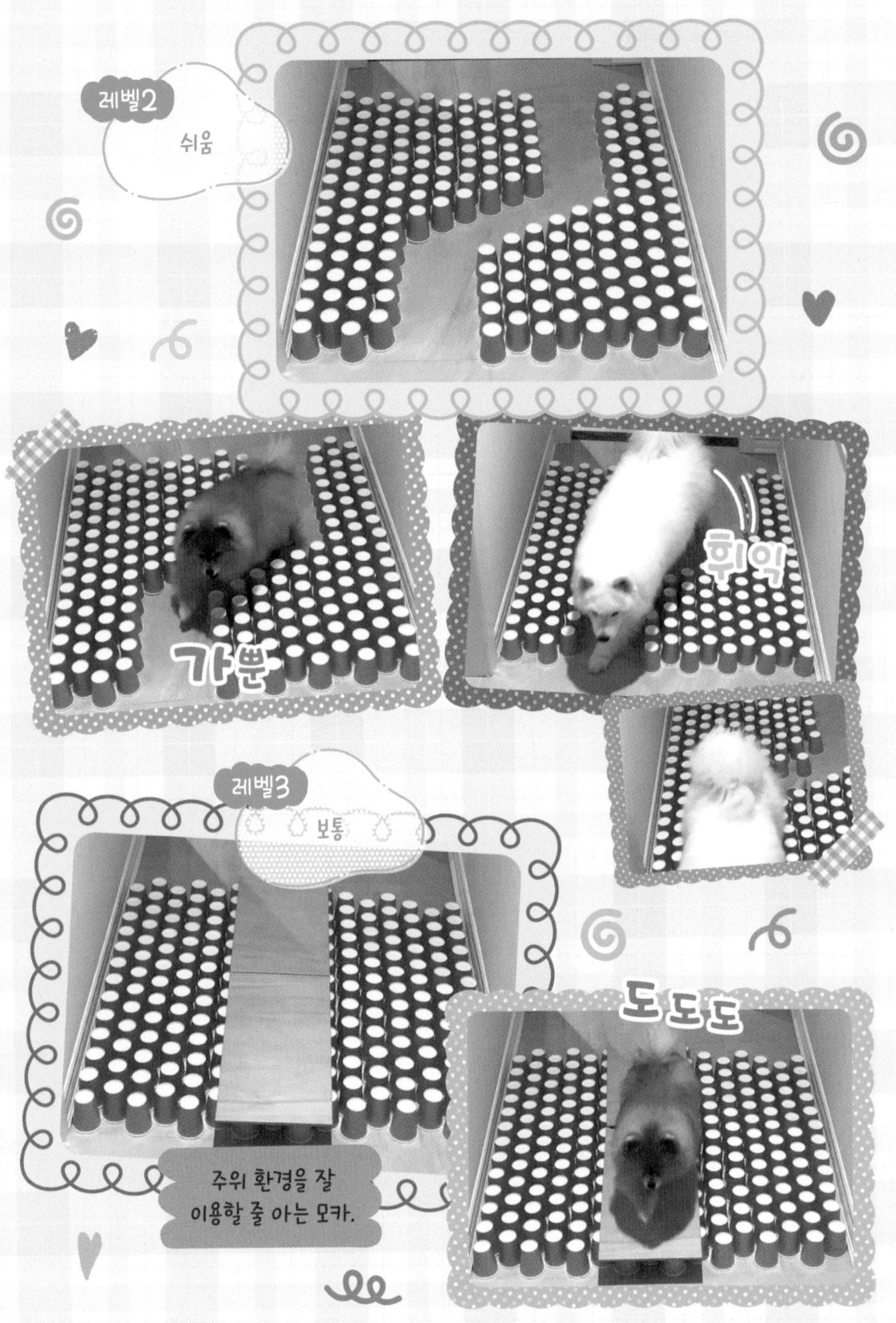
레벨2
쉬움
가뿐
휘익
레벨3
보통
도도도
주위 환경을 잘
이용할 줄 아는 모카.

우유 또한 주위 환경을
잘 이용할 줄 알지만…
폴짝
내일부터
치킨 금지.
데구르르
아직 엉덩이가 조금 큼.

레벨4
어려움
폴짝
반려반묘 모캉이에게도
힘든 난이도.
이건 너무
어려웠어,
모카야?
우유
시작해도 돼요?
와르르
난장판
아예 대놓고 엉덩이로
깔아뭉개는 우유ㅋㅋ

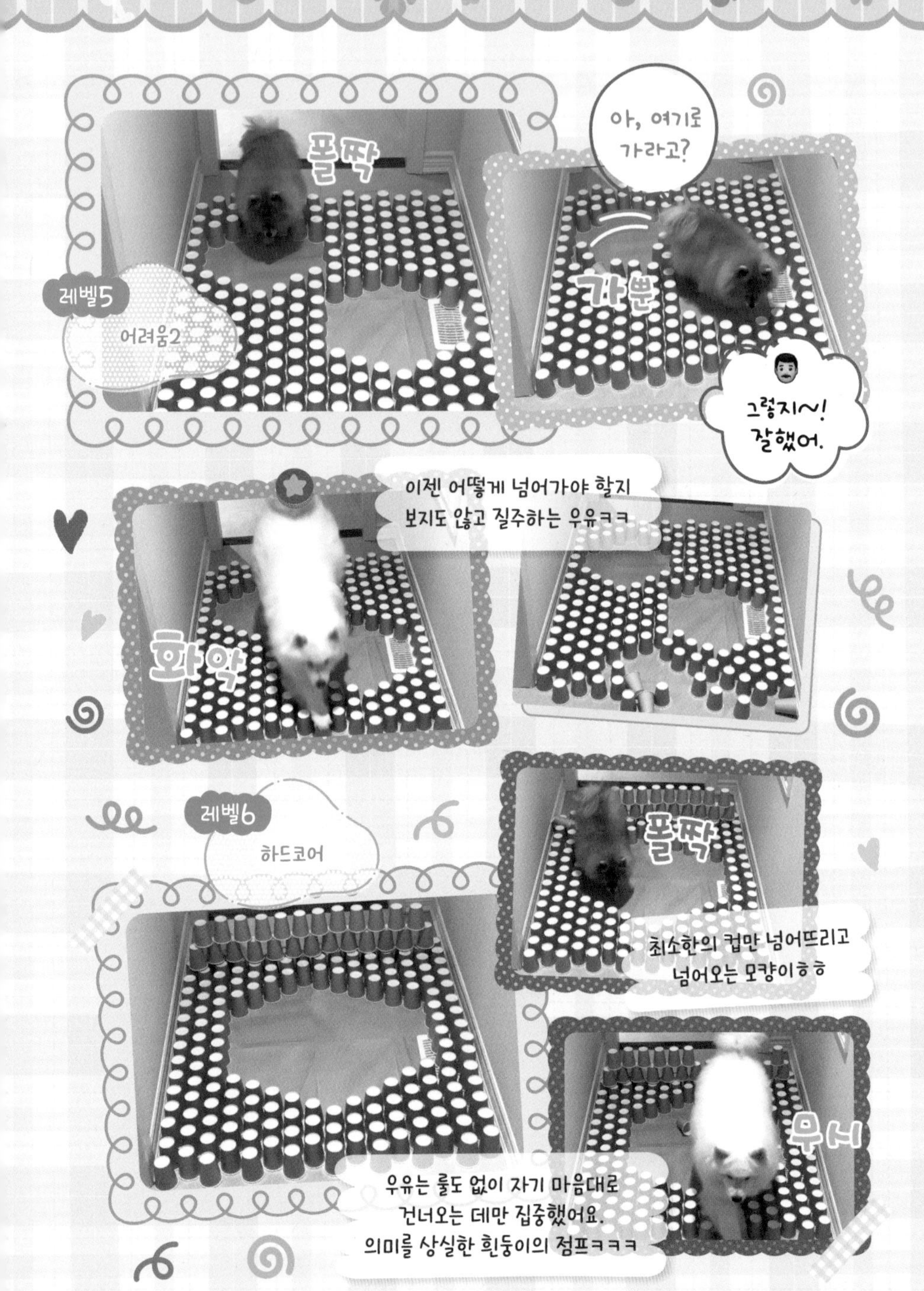

풀짝
아, 여기로 가라고?
레벨5
어려움2
가뿐
그렇지~! 잘했어.
이젠 어떻게 넘어가야 할지 보지도 않고 질주하는 우유ㅋㅋ
화악
레벨6
하드코어
풀짝
최소한의 컵만 넘어뜨리고 넘어오는 모냥이ㅎㅎ
우사
우유는 룰도 없이 자기 마음대로 건너오는 데만 집중했어요. 의미를 상실한 흰둥이의 점프ㅋㅋㅋ

아빠의 목소리가 다른 곳에서 들린다면?

우유야,
어디 가? 아빠
여기 있는데?
타닷
어리둥절
이상하다?
분명히 목소리
들었는데…?
아빠는
여기 있는데…?
도대체 누구지…?
하아….
머리 아퍼….
터벅
터벅
모카야-.
우유, 컴!
벌떡
터엉
갸웃
누가 나를
부르는가?
도도도

모카야, 이리 와.
모카야?
쓰담
쓰담

타다닷
모카야,
미안ㅋㅋㅋㅋ

모카야, 이리 와.
모카야?
빤히
나이가 드니
환청이 들리나…?
허공에 울리는 아빠
목소리 분석하는 중.
휘익
모카 나름의 결론을 내리고
진짜 아빠에게로
돌아간다…!

모카우유야…,
계속 집에서 심심한 것보단
이게 낫지?
맞지? 그렇지???
아름다운 해피엔딩을
위해 간식을 주었답니다.
와구
와구

모카우유의 알쏭달쏭 챌린지

2
사투리로
말했을 때
얌전
모카 먹어!
냉큼
무우라.
(부산 출신 엄마)
이건 무우라가
아니라 간식이라
부른다네.
간식 앞에서 폭주하기 일보 직전인 우유를 달래고…
빤히
넹? 이거
무우 아닌데?
우유 사전엔 그런 말
없어요!
우유야,
기다리는 거야~.
무우라.
갸웃
우유 먹어!
냠냠
우리 모카우유 부산 가기 전에
사투리 좀 배워야겠네ㅋㅋ

3
독이 든 과자를 먹는 친구
냠냠뇨옴뇨옴욤욤욤.
와구
와구
잘 봐, 모카야.
와그작아그자 가자가작.
화들짝
뭔 일이여…?
이거 먹으면 안 되는 겐가?
퉤
털썩
그렇다면 착하고 고운 마음씨의 대명사 우유는 어떻게 반응할까요?
잘됐다! 다 내 거네?
으웩냠냠냠냠 냠냠냠냠냠.
와앙
와구
와구
털썩

4
정전개 만들기
휙
며칠간 샤워
안 한 것 같은…!
휘익
자다 일어난
느낌!

눈앞의 강아지를 애타게 찾는다면?

어리둥절
내 이름이
우유인데….
아우우
아우우
우유야~
어디 있니~?
베일에 쌓인 우유를 함께
찾아 주는 우유 씨ㅋㅋㅋ
??
이리 와, 우유~.
우유 어딨어?
찾았어?
아우우우
나와라, 우유~
이 속에 있나~?!
스윽
그만하고 우유
아는 척 좀 해 줘요~!
톡
톡

으르르
모카야,
우유 어디 갔어?
아빠가 손을 내밀자
얼굴을 갖다 대는 우유.
쑥
!!
이게 뭐지?
이거 잡히는 거
뭐야~?
쓰담
쓰담
앗!!
우유다아~~!
우유가 있다면
손 좀 줘 봐. 손!
탁
에잇,
손 여기요!
우유가 더 화내기 전에
이제 그만해야겠죠?:)

개코는 정말 개코일까?

오늘은 모카우유가
후각으로 간식을 찾는지
아니면 시각으로 간식을
찾는지 알아볼 거예요!
쏙
아이들이 좋아하는
간식으로 길을 만든 후 그 간식을
1)불투명한 컵
2)투명한 컵
으로 덮은 후
모카와 우유가
어떤 방법으로 간식을
찾는지 지켜보겠습니다.

1 불투명한 컵으로
간식을 가렸을 때
다다다
폴짝
완벽한
프리 패스!

갸웃
간식이 어디 있는데요?
우유야, 간식 또 없어?
간식 잘 찾아봐, 우유야.
2
투명한 컵으로 간식을 가렸을 때
다다다다
한참을 방황하더니 드디어 발견ㅋㅋ
불투명 컵으로 가렸을 땐 아무것도 못 찾더니 투명 컵으로 숨겨 놓으니까 간식을 발견하고 먹네요.
킁킁
어리둥절
간식 더 줘용♥
코딱지를 평생 한 번도 안 파 줘서 막혔나…?
김ㅜㅠ 코는 장식일 뿐
킁킁

아무튼 우여곡절
끝에 성공.
냠냠
3 아무것도 가리지
않았을 때
다다다다
오오, 봤다!
실험 결과, 우유는 후각만으로만
간식을 찾지는 못하는 것 같아요.
눈으로 사물을 찾은 이후에 냄새를
맡으며 무엇인지 확인하는 것 같아요.
아무것도 가리지 않으니
간식을 잘 찾아 먹는 우유.
쩝쩝
외면
채소
맛없쏘ㅠㅠ
1 불투명한 컵으로
간식을 가렸을 때
다다다
폴짝
아예 점프해 넘어가
버리는 모카ㅋㅋㅋㅋ
조금이나마 기대했던
내가 부끄러워지는 순간….

분명히 냄새가 났을 텐데?
간식이 어딨는 겐가?
2 투명한 컵으로 간식을 가렸을 때
도도도

멈칫
또 실패인가…?

휘익

오오?
킁킁
컵 속의 음식을 확인하고 냄새를 맡는 모카.
킁킁
모카 역시 우유와 마찬가지로 눈으로 본 뒤에 냄새로 음식을 확인하네요.

킁킁
역시 치킨이 최고!
냠냠

3 아무것도 가리지 않았을 때
도도도
멈칫
발견했다!
근데 뭐… 눈이 안 좋고 냄새 좀 못 맡으면 어때요…. 우리가 아이들의 눈과 코가 되어 주면 되는 걸요:)
집에서 사람과 함께 생활하는 강아지들은 코를 자주 사용하지 않아 후각보다는 시각에 더 의존한다고 해요.
우물
우물
오늘의 결론
개코, 별거 아니다!

완전 소중해! 완전 소장각이야!

★완소 댕댕남매

솜사탕이 되어 버린
모카★
내 얼굴
잘 나오고
있는 겐가?
바람이 시원해서
너무 좋아요~!
모카우유네컷

모카네컷
우유네컷

지금까지 저희 이야기를
재미있게 읽어 주셔서 감사해요.
캐나다 그리고 한국에서도 라떼 여러분들의
많은 사랑 덕분에 정말 행복했어요.
앞으로도 아빠랑 가족들이랑
즐겁고 건강하게 지낼게요.
라떼 여러분들도
항상 행복하세요~♥

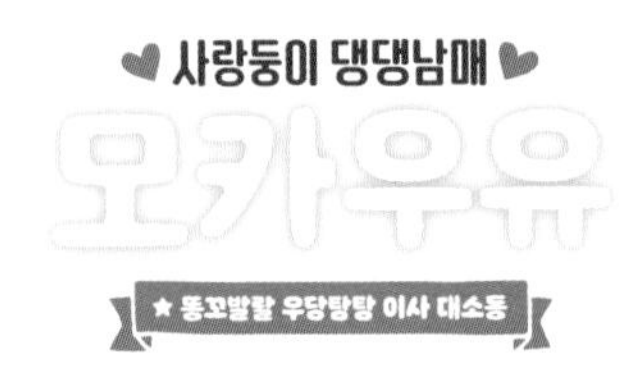

초판 1쇄 인쇄 2024년 10월 25일
초판 1쇄 발행 2024년 10월 31일

원작 모카밀크

발행인 심정섭
편집인 안예남 **편집팀장** 이주희
편집 장영옥 김정현 도세희 정성호 송유진
브랜드마케팅 김지선 하서빈 **출판마케팅** 홍성현 김호현
디자인 중앙아트그라픽스

인쇄처 에스엠그린
발행처 (주)서울문화사
등록일 1988년 2월 16일 **등록번호** 제2-484 **주소** 서울시 용산구 새창로 221-19
전화 02-799-9168(편집) | 02-791-0752(출판마케팅)

ISBN 979-11-6923-338-5
ISBN 979-11-6923-299-9 (세트)